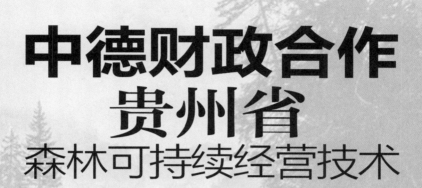

中德财政合作
贵州省
森林可持续经营技术

高守荣 阮友剑 梁伟忠 ◎ 主 编
雷 江 敖光鑫 王厚祥 ◎ 副主编

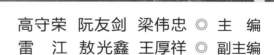

中国林业出版社
China Forestry Publishing House

图书在版编目（CIP）数据

中德财政合作贵州省森林可持续经营技术／高守荣，阮友剑，梁伟忠主编.
--北京：中国林业出版社，2019. 12
ISBN 978-7-5219-0460-4

Ⅰ.①中… Ⅱ.①高… ②阮… ③梁… Ⅲ.①森林经营–可持续性发展–国际合作–中国、德国 Ⅳ.①S75

中国版本图书馆 CIP 数据核字（2020）第 021149 号

中国林业出版社·自然保护分社（国家公园分社）

策划编辑：刘家玲
责任编辑：刘家玲　宋博洋

出版	中国林业出版社（100009　北京市西城区德内大街刘海胡同 7 号）
网址	http：//www. forestry. gov. cn/lycb. html　电话：（010）83143519　83143625
发行	中国林业出版社
印刷	固安县京平诚乾印刷有限公司
版次	2020 年 5 月第 1 版
印次	2020 年 5 月第 1 次
开本	787mm×1092mm　1/16
印张	8. 75
彩插	8
字数	200 千字
定价	50. 00 元

前　言

随着我国对林业生态建设的日益重视，以及退耕还林工程、天然林资源保护工程、各类造林补贴项目的开展，我国森林资源面积大幅增加，森林覆盖率稳步提升，林业发展的重点也因此由植树造林转向森林可持续经营。尤其是在中国南方，如何把自然条件优势和资源优势转化为林业生产力，如何提升森林质量，使其在生态、经济、社会各方面发挥功能，使林权制度改革真正实现其预期的后续效果，也是摆在各级政府和林业部门面前的紧迫课题。

20 世纪 80 年代以来，德国政府通过德国复兴银行与中国政府开展财政合作，在中国实施了中德林业合作项目。这些林业合作项目的开展，促进了我国林业技术理念的引进和更新以及林业行业的变革。前期的项目以开展植树造林和水土流失治理为主，林改之后开始在中国南方实施森林可持续经营框架项目。在此背景下，贵州省森林可持续经营项目（下称项目）应运而生，该项目也是中德财政合作项目中第一个纯粹专注于森林可持续经营的项目，肩负着为中国南方集体林区的森林可持续经营提供广泛的探索和示范的重要使命。

项目于 2009 年至 2018 年在毕节市大方县、黔西县、金沙县、百里杜鹃管理区和贵阳市息烽县、开阳县等 6 个项目县区实施，通过引进德国近自然林业和参与式林业等先进理念和技术，旨在探索适合中国南方集体林区森林可持续经营的模式与机制。

项目实施得到了国际和国内专家们的全力相助，在专家组的协助下，项目先后出台了一系列技术指南，为科学合理培育和利用森林资源、规范森林资源管理、提高林地生产力和林分质量、充分发挥森林的多重功能提供了有效的指导。根据项目期终评估报告和贵州省审计厅"认真收集整理归档项目资料，对项目中取得的经验成果进行全面总结，做好项目成果推广应用"的有关建议和要求，我们对项目实施中最具影响力的有关技术资料进行收集整理，并结合项目实践中取得的技术经验进行了适当修订和调整。本着技术必须有效服务于基层生产的原则，以适合集体林区的营林技术总结和推广为中心，以及科学经营、积极培育、有效保护和合理利用森林资源，提高森林质量和森林的综合效益，实现森林面积和蓄积双增长，遵循生态系统健康、协调和可持续发展的指导思想，历经一年的努力，编制了《中德财政合作贵州省森林可持续经营技术》（以下简称《经营技术》）一书。

《经营技术》是贵州省实施中德财政合作贵州省森林可持续经营项目10来年技术成果的总结，是中外专家集体智慧的结晶。全书共6章，其中第一章经营技术由伍力·阿佩尔博士撰写，项目首席技术顾问胡伯特·福斯特修订完善，是项目森林经营规划和具体实施森林作业的技术基础，重点介绍森林可持续经营的总体目标、营林的一般原则和主要的营林措施。第二章经营方案编制指南由伍力·阿佩尔博士撰写，国际咨询专家约瑟夫·特纳和胡伯特·福斯特修订，主要用于指导林业技术人员和参加项目的森林经营单位在村级层面制定森林经营方案，包含编制方案的各个步骤。第三章实施监测由约瑟夫·特纳撰写，提供针对营林实施程度和营林措施质量开展有形监测的方法。第四章参与式林业工作方法由国际咨询专家茜尔维·迪德龙和国内咨询专家梁伟忠撰写，针对如何在散户林区开展林业规划、创建林农合作组织的工作要点提供指导，该指南遵循以目标为导向、过程简单、程序透明、灵活实用的群众工作原则。第五章固定样地监测由约瑟夫·特纳、梁伟忠和贵州省项目监测中心蔡磊、夏婧、李姝等撰写，为森林经营的生态影响评价研究提供固定样地的设立与调查方法指导。第六章经营方案编制案例由大方县和金沙县项目办提供，以作编制经营方案的参考。在此对以上专家表示衷心感谢！

　　《经营技术》一书内容丰富、通俗易懂、可操作性强、图文并茂，适宜广大林业工作者、森林经营管理者和广大林农学习和使用。由于编者水平有限，书中错误和不足在所难免，望广大读者批评指正。

编者

2019 年 12 月

目　录

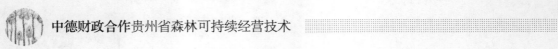

第一章
经营技术

森林经营技术是森林经营规划和具体实施森林作业的基础，它包含森林可持续经营的总体目标、营林的一般原则以及主要的营林措施，既适用于人工林和商品林，也适用于天然林和公益林。所有采伐活动，如采伐强度的控制，应优先遵守国家和地方的规定。主要的原则是：一种营林措施的应用是为了达到一个既定的经营目标。有时，为实现一个目标，可以采用不同的方式，其中"不干预"也是实现既定目标的方式之一。

第一节／总体目标

森林可持续经营的总体目标是建立、维护和经营森林：一是实现所要求的森林功能；二是使森林保持稳定并适应自然的立地条件；三是为当地居民创造稳定的收入；四是生产出大量有价值的木材以产生长期经济效益；五是满足当地居民的生计需求。

1. 森林可持续经营

"森林可持续经营是以实现一个或多个既定的经营目标为目的的森林经营过程，它同时要保证所需要的林产品和服务源源不断地供应，不得减少其内在价值和未来生产力，从而避免对物质和社会环境造成不必要的不良影响。"（1998 年国际热带木材组织）在这种定义下，对下列因素作重要的说明。一是森林可持续经营要实现明确的具体目标是分为不同级别的，如林分层面、企业经营层面、行政管理层面或生态单位层面（如流域）。二是森林可持续经营提供林产品和服务。林产品包括木材、薪材和非木质林产品。服务也可以被理解为公共利益（如防止土壤侵蚀、持久供水、娱乐等）。三是森林可持续经营为这些产品和服务——也是为森林本身的供应基础提供保证，以这种方式经营使未来生产力得到保证，使林产品与服务能够持续地供应。四是森林可持续经营的实施方式应当是这样的，它既不能对居住在林中或森林附近的居民造成消极影响，也不能对包括森林本身、基础设施或者其他土地利用系统在内的森林环境造成消极影响。

森林可持续经营的一个基本特征是学习。森林可持续经营并不是一个静止的概念，而是要求系统地观察环境、社会和经济方面，这些方面不仅受森林经营活动的影响，也受其他因素，如市场、人口流动和政策的影响。学习可以被定义为获得知识或技能的行动、过程或经历，通常包括连续的四个阶段（图1-1）。

Learning　学习；
Planning　规划；
Implementation　实施；
Monitoring　监测；
Sustainable Forest Management
森林可持续经营

来源：　Seebauer & Seebauer 2008

图1-1　森林可持续经营的循环学习过程

2. 森林生物多样性保护与稳定性

森林可持续经营的一个最低要求是，特定地段的动植物生物多样性不会受到经营措施或其他活动的不利影响。近自然森林可持续经营在这方面的要求更高，其中一个要求是：在中长期内，生物多样性将朝着群落自然演替的方向发展。维护与改善生物多样性的目标是，作为林产品和服务基础的森林生态系统是稳定的，并且能够更好地应对自然条件的变化（极端气候、虫害、火灾等）。在该项目背景下，意味着我们需要努力取得以下目标：一是形成由适应立地的、针/阔叶树组成的混交林分；二是防止土壤侵蚀、板结和土壤耗竭；三是对保护生物多样性有特殊意义，而对木材生产没那么重要的特殊地段（群落生境/生境小区）加以保护，包括陡坡、岩石区、小河、小溪流、高山草甸和沼泽等。

3. 林分蓄积量、立木度和生长量

森林如果具有以下特征，将能够更好地提供所需产品与服务：一是近熟林、成熟林或者异龄林；二是如果是混交林，其树种以及树种组成符合自然选择过程；三是具有最优的立木密度，该密度取决于许多因素（如树种、树龄、胸径、立地条件）。这为发育稳定的林木与林分创造了条件，而最优立木密度或胸高断面积也保证能够获得最大的木材生长量。这就意味着需要把所有相关因素和经营目标都考虑进去，非常小心地保护、维护和间伐森林。

作为林产品与服务产出基础的森林，如果它是成熟林，其总体产出将更好。这意味着它应该至少有一些胸径>40 厘米的林木，有相当程度的立木蓄积量和立木度，从而能充分利用林分较高的生长潜力。

按照国家政策，该项目希望到 2050 年取得平均立木蓄积量达到 150~200 立方米/公顷的目标。以目前平均立木蓄积量约 40 立方米/公顷的情况来看，这意味着需要使现有林分蓄积量以平均 3 立方米/公顷/年的速度增长。得到项目支持的森林立木蓄积量的情况会跟平均情况有所不同。因此，很有必要对项目所有森林的真实情况，包括树种组成、年龄、密度、蓄积量、活力以及其他参数，单独作评估。基于这些单独的研究结果，才能针对维护森林林分，制定、建议和实施最适合和最有必要的活动。

第二节／经营原则

1. 对目标树概念的说明

目标树的概念是为了生产高价值的大径材（胸径>35 厘米）。因此，需要从林分中将经济价值及生态价值较高、质量优良、生活力强、稳定性好的林木优选出来，并加以促进。要达到促进目标树生长的目的，通常需要移除那些价值相对较差的干扰木，如影响和干扰目标树生长的林木（备注：促进目标树生长的间伐体系也可通用到目标胸径<35 厘米的情况）。

由于目标树的概念是为生产大径材，需要的生长期很长（达到 40 年，或者更长），如果要用这个概念，只有满足以下条件时才比较合理：一是对高质量和大径级的木材有市场需求，由于较高的木材价格，该市场能够对较长的生产周期产生回馈；二是采取降低影响的间伐和集材技术，以避免对保留下来的林木造成损害，并维持目标树的价值。

通过间伐移除干扰木可以改善目标树的生长和蓄积量生长，但这只在一定时期内有效，该时期因物种而异。经验法则为"不要太早也不要太晚"。只有到一定年龄或胸径，如胸径达到 15 厘米时，才有把握去确定目标树。对于那些平均胸径低于 15 厘米的林分，将采用一种叫做"密度管理"的间伐方法，该方法中，树形良好、生长良好的林木会被保留下来。当平均胸径超过 5 厘米，以及当立木密度太大，以至于单株林木无法发育正常的树冠时，就需要开展间伐了。稍晚的时候（胸径≥15 厘米），将会采用有针对性的"促进目标树的间伐"。对于喜光树种，当胸径达到目标胸径的 50%~60%时，就需要完成间伐了。对于耐阴树种，可以稍晚间伐，而等到实际胸径达到目标胸径的 75%时，再完成间伐。但是，还有其他决定因子，如林分的卫生状况（把病死木或受损木移除）。

目前农户所采用的间伐和主伐方法，是为了生产大量的小径材，主要是坑木。对于生产这种长度 2.2 米、平均胸径 25 厘米的坑木，木材质量的要求很低。对于此种生产目的，目标树的概念不能完全适用，而是必须与林分密度的概念结合起来。采用森林可持续经营体系的目的是要生产胸径达到 35 厘米以及大于 35 厘米的木材，这就需要采用一定的间伐、集材以及运输方法和技术。间伐和主伐大而长的林木只能由专业的林业工人来做，他们拥有专业设备，并且实施地有合适的森林基础设施存在。

项目支持的森林平均胸径小于 25 厘米，在项目期内，对需要移除的林木进行间伐和集材的工作或许完全可以通过人力完成。为使工作人员和林业工人适应将来的情况，项目应当对工作人员和林业工人（林主）进行培训，使他们掌握间伐大径级材的合适方法，包括伐木、集材和运输。

2. 营林原则

项目将向整个项目区引进和推广基本的森林可持续经营原则，以及在选定的生态公益林区引进和推广近自然森林可持续经营。以下是对这两种经营方法的最低要求所做的界定。

（1）森林可持续经营的最低要求。一是稳定的、甚至是增长的森林面积，仅用于林业目的（不能自由放牧）；二是在森林经营单位一级，创建包含至少有 3 种树种、阔叶树所占比例至少为 20% 的混交林是一个中期目标（10~20 年）；三是在森林经营单位一级，在一个 10 年期（森林经营规划）内，总的间伐量应当小于同时期内的生长量；四是皆伐只适用于小面积（1~2 亩①），并且必须采取特别的措施（带状皆伐、块状皆伐或渐伐）；五是在纯矮林中收集薪材只适用于指定区域，该区域具有改进过的轮伐体系并且引入了混乔矮林的经营类型；六是必须保护森林土壤，使其免受侵蚀、板结或其他形式的干扰（如收集枯落物、放牧）。

（2）近自然森林可持续经营的要求。一是考虑森林的多种功能，尤其是森林对公众的生态效益；二是促进林分形成混交与异龄结构，尤其是由乡土树种构成，长期的发展方向是天然的森林植物群落；三是森林经营单位级的间伐和主伐量低于生长量，旨在持续地增加立木蓄积量；四是应用目标树概念生产高质量的木材，这涉及要设定最终择伐的目标树的目标胸径至少为 35 厘米；五是利用天然过程，尤其是尽可能利用天然更新，用降低影响的采伐作业和谨慎的基础设施建设，从而降低成本和减少对立地的影响；六是保护自然的特定的土壤生产力，不施化肥，不收集枯落物，没有排水装置，采用不损害土壤结构的集材方法；七是树种构成适应立地，优先考虑乡土树种，没有外来树种，树种的混交程度足以维持生态稳定性；八是森林结构能促进异龄和不同胸径组合结构的形成；九是森林更新应当尽可能以较长的轮伐期经营森林，没有大面积的皆伐，只有单株利用或块状、带状采伐，更新方式主要是通过启动和促进天然更新；十是森林病虫害预防，而不是病虫害治理，如果需要病虫害治理，只能采取机械的或生物学的方法，不要使用化学制品，除非不使用就会危及到森林的存亡。详见"主要的近自然森林可持续经营原则图解"（表 1-1）。

---

① 1 亩 = 1/15 公顷，下同。

表 1-1 主要的近自然森林可持续经营原则图解

1. 可持续经营的森林必须在同一时间、同一地点同时满足经济、生态和社会效益。近自然林业对于公益林是一个合适的经营方法，因为它在充分考虑生态效益的同时，还顾及了森林对当地居民的经济效益。具有连续植被覆盖的森林是可以永续利用的（不存在轮伐期、再造林）！根据可采伐的最小胸径，进行间伐和择伐（没有皆伐）；对特殊地段进行保护与经营（陡坡、溪流）。

2. 形成多样性的异龄混交林分。正如在天然林中一样，大树和小树共存，并形成 2~3 个林层。它们并不是均匀分布地生长，而通常是群状或块状分布。同样，目标树也可以彼此距离很近并呈小的群状或块状生长。间伐也必须能够促进森林多样性结构的形成，而且要把保护稀有植物种考虑进去。

3. 充满活力的森林满足森林提高生产力和增加立木蓄积量的要求。森林经营规划和营林措施必须充分考虑所要求的森林功能。在一定时期（如 10 年）内，森林经营单位一级的间伐和主伐蓄积量要低于同时期的蓄积生长量，从而在长期范围内增加蓄积量。但是，比单纯的增加蓄积量更重要的是：森林活力和生产力的增加。

4. 目标树的选择与促进。单株林木的生命力和质量是选择目标树的决定性标准。目标树是那些能产生较高经济价值的树木，即：它们有圆满而不受任何干扰的树冠，以及通直、圆满和无损伤的树干。

目标树的数量取决于立地条件和林分质量，可以是在 75~250 株/公顷之间。理想条件下，目标树的平均株数为大约 150 株/公顷，或 10 株/亩。

通过把影响目标树冠型发育以及最终影响其生长质量的干扰木移除（砍掉）来促进目标树的生长。其他的树要保留，除非与目标密度比起来，林分密度太高。

只有达到目标胸径时，才主伐目标树，即胸径至少为 35 厘米（生产锯木厂所需木材）。

5. 与自然合作（生物学自动控制过程）

在有发展潜力的某些特定地段，使近自然森林的发育朝着天然植物群落的方向发展。

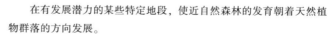

自然发生的林种变化以及林种混交状态的变化会作为该立地的自然生产潜力而被接受。

应在所有地块促进和保护自然更新的潜力（包括在人工林内）。

森林经营要以自然过程为导向，并尽可能利用生物学自动控制过程。

对处于森林发育早期阶段的幼林，主要活动是保护和低强度间伐。不能损害土壤、地表植被、灌木和自然更新出来的林木。

（续）

6. 降低影响的采伐

采用降低影响的采伐，从而使对剩余林木和幼苗尤其是目标树的损害降到最低；避免对土壤和特殊地段，如水道和河道造成损害；维护森林生态系统的生态功能；并使伐区内可以进行经济利用的每株林木蓄积量最大化。

选择伐倒方向，以降低对林分剩余部分的损害。

使伐倒木尽量朝向林中空地或只有幼树的地段或是林冠部分被清除后也很容易恢复的更新地段。

不要在暴风雨天气伐木，因为风力可能会改变伐倒木的方向，以及对伐木工人造成安全隐患。

在开始砍伐前，先清除掉树基周围的灌木和其他植被，因为它们可能会妨碍伐木工作。不要向着斜坡方向伐木，除非采伐木明显朝向下坡弯曲。尽量沿等高线伐木。

千万注意工作安全！

来源：Bjoern Wode（2006）和 KW-培训手册（越南）修订本。

3. 伐前伐后可能的林分密度发育情况

为了更好地引导技术员和农户，对间伐密度特提供以下建议，用于整体上的指导。表格中的前提假设是林分的初始密度是 2500 株/公顷（通常是造林密度）。为了更好理解所建议的间伐方案，关于间伐对剩余林分的最重要的参数（株数/公顷、胸高断面积/公顷、蓄积量/公顷）以及对最终蓄积量生产（定期的蓄积生长量）有何影响，对此做了粗略估计。

表中的数字建议应当理解为，间伐强度可以达到 20%，或者取决于特殊的立地条件，可以高一点或者低一点。如果现有林分密度高于目标密度，就需要相应地减少林木株数。在这种营林措施中，质量最优的、最具活力的林木将被保留下来，而树形差、长势弱的林木将被伐除。如果现有的立木密度太高，与目标密度之间相差太大，为减少其立木株数并达到目标密度，需要在 10 年期内，开展分两次或者甚至 3 次连续的间伐；因为太高强度的间伐，如林木株数间伐强度超过 33%，会对林分造成损害（如风倒），因此应当避免。降低密度这种活动通常是在具有高密度的、同质的林分内开展（如针叶纯林）。一旦林分进入混交和异质状态，就最好是采用目标树的理念。在实践中，很多情况下，这两种理念可以融合起来利用。参见表 1-2。

表 1-2 林分密度管理参考

平均胸径（厘米）	7	12	17	22	27	32
径级范围（厘米）	5~9	10~14	15~19	20~24	25~29	30~34
树高（米）	5	8	10	12	13	14
间伐前（株数/公顷）	2500	1700	1200	850	600	425
间伐（株数/公顷）	800	500	350	250	175	0

（续）

平均胸径（厘米）	7	12	17	22	27	32
间伐强度（株数）	32.0	29.4	29.2	29.4	29.2	0.0
保留木（株数/公顷）	1700	1200	850	600	425	425
间伐前胸高断面积/公顷（平方米）	10	19	27	32	34	34
间伐前蓄积量/公顷（立方米）	24	77	136	194	223	239
间伐木蓄积量/公顷（立方米）	5	14	25	36	42	0
间伐蓄积量（%）	20.5	18.8	18.7	18.8	18.7	0
保留木蓄积量/公顷（立方米）	19	62	111	157	182	239
周期性蓄积增长量/公顷（立方米）	58	74	83	66	58	
前提假设：平均胸径生长量（厘米）	0.8	0.8	0.7	0.7	0.6	
≥N 年后开展下一次间伐	6	6	7	7	8	

注意：上表是以项目区的主要树种马尾松单层林为例，在假定林分及立地条件良好、抚育措施开展及时的前提下估测的。树种、林分状态和经营背景不同时，在经营安排上也应适当调整。此外，表中的间伐强度安排是根据林分的实际需求，在"实验项目"的政策背景下提供的技术建议。按照现行的国家和贵州省相关政策规定，单次间伐蓄积量不能超过立木蓄积量的20%。因此，理想的间伐强度和间伐量或许需要通过安排更多次间伐实现。

4. 其他任务和方法

（1）保护自然包括粗糙的木质残体

近自然森林可持续经营还有一个目标是增加的枯死木数量（粗糙的木质残体），用以维护生物多样性（许多动植物种的生存都依赖于枯立木或枯倒木和腐木）和水域保护（枯死木对蓄水的海绵功能）。在项目背景下意味着：一是应当保留个别（由于干形差或枝丫过多或是受损木）经济价值较低，或者所处极难开展采伐地段的林木，使其自然腐烂；二是采伐后把树木的部分主干或树枝保留在森林里。近自然森林可持续经营需要特别注意林内的小溪和小水流，尽量保持它们的自然状态，并促进沿这些溪流的典型植被的发育。在项目背景下意味着：一是避免直接沿着这些水道或在其附近修建补给线和集材道；二是在水道左右10米带宽的距离避免采伐或特别小心地开展采伐。

（2）林缘改进

林缘的发展和人为活动必须能保证其内部的森林气候，使其免受外部影响（如风、太阳、农业活动），并且它是森林免受暴风雨袭击的坚固屏障。在项目背景下意味着：一是不能动（不要干预）林缘，用于发育多枝丫的乔灌木；二是避免间伐和采伐作业对林缘的损害。必须很早就对需要间隔出来的距离做出规定，这样一来，林木就能有力而稳定地发育——树枝向外伸展，直到垂向地面；三是避免在太靠近公路、林道和水道的地方植树。而应该在道路或水道两边都留下5米的带宽用于自然演替。

（3）生计需求

在森林经营单位的经营层面上，必须留出一定区域以满足生计的需要。特别是有必要为收集薪柴（适用于萌生林）和林内放牧留出地块，并且必须限制在特定范围内，以免与近自然森林可持续经营产生冲突。如果森林所有者同意，或者薪柴需求能用其他的方式来满足，可以选择把萌生林/矮林改造为混乔矮林。

第三节／经营措施

一、林分类型划分

必须根据以下标准对林分进行划分和描述。

1. 森林结构：在大多数情况下，总是可以在一个小班内发现不同大小（胸径或树高）的林木。这是因为存在不同的林层，或者说存在异龄的森林结构。森林经营规划的调查结果必须反映森林的真实结构。在任何情况下，森林经营规划以及实施森林经营方案，都需要把各个林层和不同发育阶段的所有林木都考虑进去。

2. 森林的优先功能：根据我国的森林法，森林分5类，而本项目只针对以下3个类别的森林功能，一是防护林（即公益林），二是用材林，三是薪炭林。

3. 有立木/无立木：没有立木的小班需要变成有立木，要么通过促进天然更新，要么在没有天然更新的情况下，通过栽植幼树。对有立木的小班进行分析，并按以下方面进一步详细描述。

4. 森林经营类型：分为乔林、混乔矮林和矮林。

5. 林分类型：分为针叶纯林、阔叶纯林和混交林。纯林和混交林的定义：如果某个树种或种组（如阔叶树）占全部林木株数的比例超过80%，那么该森林就划分为纯林，否则划分为混交林。

6. 起源：需要陈述当前的林分是怎样形成的，是通过栽植，还是通过天然更新，或者是混合方式（部分栽植，部分天然更新）；或者是以其他方式（如直接播种）。

7. 发育阶段：在中德财政合作贵州省森林可持续经营项目框架下，对林分发育阶段作以下定义。更新：树高<2米。幼林：树高≥2米同时胸径<5厘米。中龄林：胸径5~14厘米。近熟林：胸径15~34厘米。成熟林：胸径35~44厘米。过熟林：胸径≥45厘米。

8. 林龄：如果知道的话，需要对林木的平均年龄以及年龄的上下限做陈述。

9. 林冠覆盖度：林冠覆盖度即林冠的垂直投影面积，其定义是小班土地被相应的林冠覆盖的百分比（%）。更新与幼林（胸径<5厘米）以及中龄林到过熟林（胸径≥5厘米）两个阶段的林冠覆盖度需要单独估计。对于复层林，两个覆盖度数据的总和可能会大于100%。

10. 受损类型与程度：通过分析整个林分，对主要的受损类型及其出现情况作估测。

森林可能的受损类型可包括雪折、病虫害、盗伐、火灾以及其他类型。如果是其他受损类型，应进一步详细说明。受损程度（影响、出现频率）按如下分类：轻微、中等、严重。

11. 立地质量与生产潜力：立地质量决定了生产潜力，因此很重要。建议按 4 种类别进行立地质量分类："好"表示土壤肥沃深厚，没有或者只有少数的石头，位于缓坡或者沟谷，现有林木生长明显良好（年蓄积生长量估计高于 8 立方米/公顷）；"中等"表示土壤中等肥沃，只有极少数的石头，中坡或者缓坡，现有林木生长明显中等（年蓄积生长量估计为 4~8 立方米/公顷）；"差"表示多岩石/砾石，土层薄，或者不怎么肥沃，位于陡坡或者立地裸露（山脊、山顶），现有林木生长明显差（年蓄积生长量估计为 1~4 立方米/公顷）；"无生产力"表示石质立地，土层浅薄，而年蓄积生长量低于 1 立方米/公顷。

二、经营措施

1. 经营目标。各发育阶段的林分经营目标和措施选择可参考下表 1-3。

表 1-3　林分类型、经营目标及措施选择

发育阶段和林分类型	经营目标	营林措施
无立木地	造林	前期规划：尽早植树，以及之后的除杂 后期规划：根据立地质量，在植树后 6~10 年开展"间伐 1"
天然更新（树高<2 米）	促进树种混交 扶持优质植株	前期规划：人工促进天然更新（除杂、保护），在大的林窗植树 后期规划：如果>167 株/亩，2~4 年后抚育，根据立地质量，5~8 年后开展"间伐 1"
新造林地（树高<2 米）	扶持优质植株	前期规划：除草 后期规划：根据立地质量，5~8 年后开展"间伐 1"
幼幼林（树高≥2 米，胸径<5 厘米）	保证阔叶树比例； 扶持优质林木； 调整密度约 167 株/亩	前期规划：如果>167 株/亩，进行"抚育" 后期规划：根据实际胸径和立地质量 3~7 年后开展"间伐 1"
中龄林（胸径<15 厘米）	选择和促进目标树； 促进林分针阔混交（阔叶树比例在针叶林中的比例应至少为 30%）； 改善林分结构及调整密度	前期规划：根据实际现有的密度和胸径，1~3 年后开展"间伐 1" 后期规划：根据实际现有的密度和胸径，6~8 年后开展"间伐 1"或"间伐 2"
近熟林（胸径 15~34 厘米）	进一步促进目标树	前期规划：根据实际现有的密度和胸径，1~6 年后开展"间伐 2" 后期规划：根据实际现有的密度和胸径，6~8 年后开展"间伐 2"或"择伐" 或者在规划期内不再有任何措施
成熟林（胸径>34 厘米）	根据目标树胸径开展主伐促进天然更新	择伐（更新伐）

（续）

发育阶段和林分类型	经营目标	营林措施
退化林分（密度小于正常值）	林分恢复 增加立木蓄积量	自然恢复：没有干预措施；保护林分不受任何伐木影响，而能够不受干扰地生长
萌生林	如果能够得到群众支持，将其改造为混乔矮林或乔林	前期规划：通过抑制萌生林的生长进行立地清理，然后迅速植树，以及紧接着的除杂活动和进一步抑制萌生林的生长 后期规划：根据立地质量，6~10 年后开展"间伐 1"

2. 对营林措施的具体描述

（1）概述。详见表 1-4。

表 1-4　建议的主要营林措施类型

措施	简要描述
栽植、补植	在天然更新不够充分或林分生产力较低的地方，造林或在空地补植杉木、柳杉、杨树、桦木、桤木、青冈栎等。
补植珍贵树种	类似于补植，不同之处是以一定比例的珍贵树种进行补植，如花榈木、红豆树、楠木、香樟、猴樟、榉木等，为了中长期的生态和经济效益，补植的幼苗约有 30% 为珍贵树种。补植意味着需要除杂和再补植。
人工促进天然更新（树高<2 米）	通过避免放牧、用火和采伐薪柴以便严格保护和有效促进天然更新。活动：除杂并在必要的情况下清除干扰性的灌木和攀缘植物以进行保护。
抚育（胸径<5 厘米）	改进林分质量和以低强度方式调整物种混交结构。清除霸王木和弯曲、树形差的林木。目标密度为大约 2500 株/公顷。严格保护，使之免受放牧、火烧和砍伐薪柴的破坏。
中龄林间伐（平均胸径 5~14 厘米）	中龄林大体需要 2 次间伐干预，第 1 次在平均胸径约 7 厘米时开展，间伐目标密度约 1700 株/公顷；第 2 次在平均胸径约 12 厘米时开展，间伐目标密度约 1200 株/公顷。 此阶段明确目标树为时尚早，因为林木仍处于发育阶段。因此，需要把目标树选择与间伐密度控制两种方式结合起来。此阶段的间伐有 2 个目的：（1）促进优质植株的生长；（2）通过降低立木密度，给保留木提供更好的生长空间。
近熟林择伐（胸径 15~34 厘米）	在近熟林发育阶段规划的间伐措施可以分为平均胸径分别为 17、22、27 和 32 厘米 4 种情况。在平均胸径为 17 厘米时开展的第 1 次间伐，每公顷选出约 150 株（75~250）目标树比较合适。 针对每株目标树，每次干预措施通过移除约 2 株干扰木，来促进目标树的生长。 除了促进目标树的生长，还需要按照目标密度，来降低总体密度。 胸径为 17 厘米时的间伐目标密度：850 株/公顷 胸径为 22 厘米时的间伐目标密度：600 株/公顷 胸径为 27 厘米时的间伐目标密度：425 株/公顷 胸径为 32 厘米时的间伐目标密度：300 株/公顷
遭受雪折损害林分的间伐	按照上面介绍的方案进行目标树选择。应该很小心并低强度地进行间伐。不要形成不稳定的林分或者林木群组状态。

措施	简要描述
在成熟林与过熟林的择伐（胸径≥35厘米）	采用降低影响的采伐技术来逐渐收获目标树。 对于防护林： 在正确的时间选择单株择伐或特定地块采伐，以促进天然更新（10月/11月）。特定地块采伐的面积不应当超过 1 亩，而每公顷内可以同时有 4 块特定地块采伐。 对小班进行主伐后 3~5 年内，必须完成更新。 对于用材林与薪炭林： 允许带状或者特定地块采伐。带宽可以达到 30 米，而每块特定地块的采伐面积不应当超过 2 亩，而每公顷内可以同时有 3 块特定地块采伐。
将矮林改造为混乔矮林	把一个纯矮林改造为混乔矮林。改造过程中，要选出并保护好实生林木以及树形良好的单株植株（只有 1 个主干）。 每公顷标记并促进大约 100 株实生林木和单株植株（约 10 米×10 米的间距）。促进包括植株保护与清除干扰性杂草、灌木和萌生植株。
将矮林改造为乔林	只有持续不断地阻止或者至少是减少林木的萌生，才可能实现从矮林向乔林的改造。如果萌生植株一直比年幼植株长得快，那么年幼植株就没有机会生长和存活。 因此，现有的萌生树和灌木要么需要连根拔起，要么需要一直压制（砍掉）萌生的势头，直到所栽植的树苗不再受到萌生树的压制。以前都是通过使用化学制品来阻止萌生，由于环境保护与生态方面的原因，不再允许这么做了。因此，最有效的方法是把萌生树连根拔起。
自然恢复	严格保护和特别利用天然过程以促进遭受雪折、林内放牧、过度利用等而严重退化的林分的恢复。不允许采脂、放牧、砍伐薪柴和火烧等森林利用活动。5 年后修订措施方案，选择其他措施。

（2）技术细节

①种植和补植。种植和补植适用于那些自然更新不够充分的林分，适应立地的树种，如杉木、柳杉、杨、桦、桤木、青冈栎、山毛榉等。补植珍贵树种：在适当的地方进行空地补植，珍贵树种在补植中占一定比例，如花榈木、红豆树、楠木、香樟、猴樟、大叶榉等。为了长期的生态与经济效益，栽植苗中约有 30%应为珍贵树种。补植意味着需要除杂和再补植。补植的目标是提高劣质或退化森林的质量和生产力。这是一个耗时费钱的活动，因此只能在一些选定的地点进行。这些地点必须符合下列标准：一是具有良好的立地条件，以确保所植林木生长良好；二是得到充分的保护，不受放牧影响；三是地块足够大，以保证有足够的光线或较稀疏的林冠覆盖度（<30%）；四是没有足够的天然更新。项目只支持群状和块状补植，而不是以线状补植（因为线状补植往往存活率较低而且导致不理想的森林结构）。补植的空地大小必须>1 亩。栽植幼苗的间距通常为 2 米×2 米。

②早期成林阶段的人工促进天然更新。人工促进天然更新是一种在森林形成的早期或者森林采伐后更新时采取的一种营林措施。天然更新树木的高度低于 2 米，常常以小群状而不是遍布整个区域的方式生长。对它们的促进活动主要是点状除草和除去竞争性的灌木或者阻碍其生长的攀缘植物。保护这些天然更新，使其免受人为活动的干扰。需要对这些天然更新地块开展严格保护，禁止放牧、注意防火，并小心地伐除干扰其生长的灌木和攀

缘植物（点状除杂）。

③幼林抚育（胸径 1~4 厘米）。抚育是在幼林（密林）胸径为 1~4 厘米阶段采取的一种营林措施。这些林分尚未完全成林，林冠尚未完全郁闭。在某些稠密的地方，林木开始彼此竞争，并开始高生长的分化。这一自然的进程将会凸显那些更具有生命力和具有良好生长能力的林木，这些林木将可能成为我们的目标树。幼林所需要的主要是生长不受干扰。其密度可能很高，但通常不会超过每公顷 2500 株。如果超过每公顷 2500 株，需要通过抚育措施，把其密度降低到每公顷 2500 株。尤其是那些树形差、弯曲的林木以及霸王木/老狼树需要清除掉。林分不要疏开得太大，这一点很重要，以避免灌木和杂草发育起来。不要在此阶段把质量优良的植株清除掉。不要砍掉任何枝条或对树皮造成任何损害。根据林分情况，抚育措施有不同的目标：对于针叶幼林，应在质量改进的同时增加阔叶树比例。在针叶纯林中，可能会出现一些前途良好的天然更新阔叶树，需要为其提供足够的生长发育空间，方法是清除对其构成干扰的针叶树。树形极差、弯曲的针叶树应当清除，但是不要把林冠疏开太大。对于针阔混交幼林，应保持混交结构，提高林分质量。除非某个树种或树种组有消失的危险，否则不需要对林分的混交状态进行调整。树形极差、弯曲的针叶树应当清除，但是不要把林冠疏开太大。对于阔叶幼林，应提高林分多样性和质量。在阔叶林分（通常是起源于天然更新，因此已经在朝着近自然的方向发展）中，应促进进一步的天然更新，或者在特殊情况下，通过补植以提高物种多样性。这种林分通常是以先锋树种占主导（如杨树、桦木）。接下来的目标是，允许发生更多的自然演替和栎类以及其他树种的天然更新，从而达到林分的多样化并增加其未来价值。演替是一个持续的过程，即使是最初的先锋树种已经成林后也不会停止。为提高林分质量，少量树形极差和弯曲的针叶树可以移除，尤其当它们是萌生木时。这些林分中常常有一些自然更新的松树，如果他们不具有生长优势，就不应该着力促进，因为他们是喜光树木，之后会产生与阔叶树竞争的问题。如果是来源于种子自然更新的杉木，则应该得到支持。

④中龄林间伐（胸径 5~14 厘米）。当林木的平均胸径达到 7 厘米时，就可以开展中龄林间伐。在此阶段（5≤胸径<15 厘米），单纯以目标树为导向来开展间伐，还为时尚早，因为林木还处于发育阶段。因此，需要采用目标树与间伐密度控制两种方法的融合。此阶段的间伐目的为：促进优质植株的生长，并通过降低立木密度，给保留木留出最优的生长空间。总的间伐原则为：一是改善林分的质量与稳定性（砍劣留优）；二是建立由乡土树种组成的混交林分（砍掉外来树种，留下乡土树种）；三是改善林冠发育情况，将林分生长量集中在保留木上；四是在针叶林分内促进阔叶树混交（砍针留阔）；五是保留林下灌木或下木层的小树；六是谨慎作业以避免对保留木和天然更新造成损害。

⑤近熟林择伐（胸径 15~35 厘米）。在本项目框架内，近熟林择伐是对少量木材开展的间伐和采收活动，主要是为了满足生计需要或者为农民创造一部分现金收入。从改善森林角度看，这种活动并不紧迫，但从满足短期某些林产品的社会需求来看，它又是必需的。林分在此发育阶段，应区分目标树、干扰木、其他间伐木、特殊目标树、普通林木等五种林木类型。目标树：间伐活动应围绕促进目标树的发育开展。目标树可以产生较高经

济价值的木材，它是实生繁殖的，具有发育良好的树冠和清晰的末级小枝，以及通直的、有价值的、无损伤的树干，树干较低处没有枝条。通过砍掉影响目标树冠型发育的干扰木来促进其生长。除了促进目标树的生长，还需要小心地开展普通林木的间伐，以便对林分密度进行总体控制。最优林分密度取决于该林分的平均胸径。当胸径达到至少为35厘米的目标胸径以后，就可以对目标树进行主伐。

目标树选择的决定性标准是单株的生命力和质量。目标树之间的空间/距离并不重要。目标树的数量将取决于立地条件和林分质量（75~250株/公顷）。在一般林分，通常可以选择150株/公顷（10株/亩）目标树。如果某些地段（如山顶、山脊）林分中没有目标树，那么就不选择目标树。目标树的生活力必须为1或2级（图1-2）。

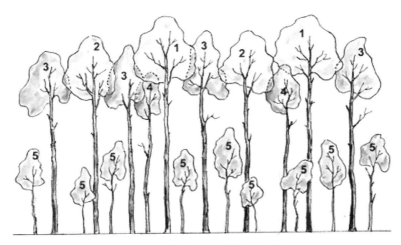

图1-2　林木生活力等级示意图

只有那些有生活力的林木才会以生长量增加的方式对间伐措施做出反应。在视线高度位置环绕目标树树干做红色圆环标记，同时在目标树基部做一个红色圆点标记。

干扰木是指那些阻碍目标树林冠发育的植株。它们也属于1级或2级林木，但质量比目标树差。如果目标树是喜光树种（如松树），那么干扰木可能属于第3级。每次间伐活动中，围绕每株目标树将有1~2株干扰木被伐除。喜光树种比耐阴树种需要更多空间，这是一般规则（如松树比杉木需要更多间伐支持）。干扰木的标记方法可以适当灵活，可以在视线高度位置给树皮砍一刀（一只手的大小），或者使用红色油漆在树干上涂一道20厘米长的斜线。

其他间伐木是指那些在做密度调整以及开展其他营林措施，如修建集材道时需要清除的树。

特殊目标树：这些林木由于生活力或质量低因而不能选作目标树，但是对改善林分的混交状态或保护稀有物种以促进生物多样性具有重要意义。例如，针叶纯林里的阔叶树就是特殊目标树。选择特殊目标树的原因也可能是出于美观和生物多样性，例如景观树。特殊目标树的标记和促进方式与目标树类似，但是不宜将压制特殊目标树的目标树砍掉。

没有目标树，就没有干扰木。不会直接干扰到目标树的所有树木都应保留在林分中，除非林分整体或局部存在密度过高的情况。只有在森林所有者需要木材以满足生计需要（杆材、薪材等）时，第4、5级林木才被伐出。如果密度小于或等于目标密度，普通林木只能在以后的间伐干预措施中逐渐伐除。普通林木的目标胸径范围为15~30厘米。

⑥雪凝灾害林分的间伐。可以在遭受雪折的林分开展间伐。这种情况下的间伐也可视为"卫生伐"，其目的是要促进未受损害的正常林木的生长，并通过清除受损木而避免发生病虫害。并非所有的受损木都需要清除掉，甚至，如果能留下少量死木，从微生境角度也可以促进生物多样性的发展，作为蘑菇、地衣、昆虫以及其他微生物的繁育场所，以及鸟类和其他动物的食物来源。对遭受雪折的林分开展间伐时，必须十分谨慎，强度应当很低，从而避免造成林分更加不稳定。不要把林木集群拆分开，尤其是那些在雪灾后形成的稳定林木群。这些林木群可以一起生长。要清除的是那些已经不稳定的林木。

⑦成熟林的择伐（胸径≥35厘米）。在本项目框架内，择伐是根据市场对木材胸径的要求逐步采伐目标树。为了不至于急剧减少立木蓄积量，不应把达到目标胸径的林木一次性砍光，而是分在3~5年期间内逐步采伐。对于防护林，应在正确的时间选择单株择伐或特定地块采伐，以促进天然更新（10月/11月）。每块特定地块的采伐面积不应当超过1亩，而每亩内可以同时有4块特定地块采伐。小班主伐后的3~5年内，必须完成更新。对于用材林与薪炭林，允许带状或者特定地块采伐。带宽可以达到30米，而每块特定地块的采伐面积不应当超过2亩，而每亩内可以同时有3块特定地块进行采伐。每次采伐活动不能超过小班原先立木蓄积量的1/5~1/3。根据天然林资源保护工程的规定，最大采伐量严格限制在立木蓄积量的20%以内。上述规定是与以自然为导向的森林经营要求相一致的（最大采伐蓄积量不能超过25%）。但是，考虑到本项目针对的是属于私有林主的小面积森林，因此，如果在采伐期间以及采伐后马上通过天然过程或人工植苗进行更新（这是一个必不可少的前提条件），应当允许更多的以经济为导向的采伐程序。优先考虑在那些已经形成了天然更新的区域开始主伐，这就是说，幼树将在不久的将来取代采伐木。择伐同时也是促进林分更新的一种活动，必须采取降低影响的采伐技术，以避免损害到正在进行的更新以及保留木。

⑧林分改造。林分改造分为两种方式，第一种是将纯矮林改造为混乔矮林。由于经济和生态的原因（避免土壤的进一步耗竭，恢复立地生产力，促进有价值木材的生产），本项目倡导促进纯矮林林分向混乔矮林的改造。矮林/萌生林改造措施包括促进实生苗的天然更新（第一选择），以及选出单株健康、具有活力的萌生株，让其长成为乔木（第二选择）。每公顷应选出不低于100株（即其株行距约10米×10米）的树木，并对其做明显标记，保护并促进其生长。第二种是在保留实生天然更新植株的基础上，结合栽植苗木，将纯矮林改造为乔林。只有持续不断地阻止或者至少是减少林木的萌生，才可能实现从矮林向乔林的改造。如果萌生植株一直生长过快，目标植株就没有机会生长和存活。因此，现有的萌生株和灌木要么需要连根拔起，要么需要一直压制（砍掉）萌生的势头，直到栽植的树苗不再受到萌生株的压制。以前流行化学制品阻止萌生，由于环境保护与生态方面的原因，这种做法不再被允许。因此，最有效的方法是把萌生株连根拔起。否则，就需要持

续抑制萌生植株，通常每年 2~3 次，直到它们不再威胁目标植株为止。

⑨自然恢复。林分的自然恢复类似于"封山育林"，并且意味着它是暂时受到严格保护的林分。自然恢复适用于所有被划分为"受到一定程度破坏或退化"的林分类型。需要开展的保护措施一是禁止放牧，二是禁火，三是严格限制木材采伐，四是不能砍伐薪材和收集枯枝落叶。应安排护林员对指定森林区域进行巡护。在森林经营方案中规划为自然恢复的所有小班，均需要在 5 年之后重新评估，以制订下一步营林措施计划。

第二章
经营方案编制指南

第一节 / 编制原则

在该项目框架内，森林经营方案是具体实施项目、项目监测和支付补贴的基础。森林经营方案是实现森林可持续经营不可缺少的基础，只有当所有森林经营单位都制定了合理的森林经营方案，项目才能视为是一个森林可持续经营项目。森林经营方案必须满足森林可持续经营的最低要求和标准。

森林经营规划是一个必需的过程，它告诉森林所有者如何在他们的林地上开展森林可持续经营。该规划过程帮助林主确定现存哪些资源，以及如何开展这些资源的长期和短期经营与利用。最重要的是，森林经营方案在界定森林经营目标的同时，还确定了应该做些什么或者能够做些什么，来实现这些目标。

森林经营规划也有助于提供林产品和森林服务，并保障后代人同样拥有良好的森林条件。

以下是项目制定森林可持续经营方案需要遵循的基本原则：

1. 可操作性：森林可持续经营方案必须易于为森林所有者理解，方便非林业人员（农民）在实践中运用。

2. 遵循标准/规定：必须满足国内和省内的规定以及符合森林认证标准的要求。

3. 全域覆盖：森林经营方案是针对一个森林经营单位的全部林地面积制定的。但这并不意味着在全部的林地面积范围内，都将实施项目活动；而是需要针对整个林地区域绘制地图，进行小班勾绘和描述小班，并确定长期目标和经营目的，使得森林经营单位在项目期结束后仍然能继续进行合理的森林经营。

4. 10年规划期：森林经营方案的规划期为10年，它在界定森林经营长期目标的同时，也提供10年规划期内的经营目标。从10年期方案里，能够很容易提取出项目活动计划和年度作业计划。项目期活动计划和年度作业计划直观简洁，可能只有几张汇总统计表，是为了满足项目管理需求而进行的必要统计工作。

5. 项目合同依据：森林经营方案是项目给予森林经营单位提供营林实施支持并与之签订合同的必要前提和参考文件。

第二节／编制程序

本项目框架下的森林经营方案的编制应遵循下列工作程序：

1. 农户的参与：农户是森林的拥有者，他们的有效参与是森林经营规划和方案编制的重要组成部分。农户参与的主要步骤包括：①村庄农户自愿参与；②成立森林经营委员会/单位；③讨论森林经营的长期目标；④森林经营单位的代表们参加小班调查和规划；⑤项目人员和森林经营单位代表共同制定森林经营方案，森林经营单位讨论并通过；⑥森林经营单位承担森林经营方案的实施，包括森林保护。

2. 技术规划：县项目办负责制图、技术规划和编制成书面材料；国际国内专家将尽可能地对规划给予支持，并对规划结果进行评估。

3. 森林经营方案的批复和把关：市、县项目办检查和审批所有森林经营方案；省项目办或者由省项目办委托监测中心对至少20%的森林经营方案进行检查；首席技术顾问或者国际监测咨询专家对至少10%的森林经营方案进行检查。

4. 对森林经营方案实施情况的监测：项目监测中心负责实施的营林措施检查验收；首席技术顾问/国际监测咨询专家与国内监测咨询专家组成检查组，负责最终的外部核查。

第三节／方案结构

按照下面的提纲制定森林经营方案，以确保参加项目的森林经营单位都具有一致的规划文件。

1. 标题页：

（1）森林经营单位名称

（2）森林经营方案有效期

（3）建议的修订年度（通常为编案期的一半时间）

（4）编案日期或期间

（5）参与规划人员（县项目办、经营单位及乡镇林业站人员）

（6）技术把关：部门、审查人、日期、签字、盖章

（7）方案审批：部门、审查人、日期、签字、盖章

2. 森林经营单位及其森林描述

（1）森林经营单位位置

（2）森林经营单位的组成（组织形式）

（3）森林经营单位的森林边界及其划分

（4）所有权、使用权与经营权

（5）当地的社会经济状况和历史（信息来源于参与式规划与村组信息表）

（6）主要森林功能和森林类型的统计数据纵览（面积、龄级、蓄积量）

（7）林分状况的简要描述（立地条件、主要树种和稀有树种及分布、经营条件、特殊立地、受损情况、面临风险等）

（8）森林资源调查的概要性结果（包括面积、林分类型、发育阶段、密度、蓄积、更新情况、受损情况等）

3. 森林经营规划

（1）长期经营目标（生态、经济、社会层面）

（2）10年规划的主要目标（所有小班经营目标的归纳汇总）

（3）计划的营林措施一览表

（4）总费用与收益计划（收入与支出），包括所需劳动力以及项目提供的补助

4. 其他杂项规划

（1）森林基础设施建设方案

（2）森林保护方案（包括边界划分、标牌和维护、巡护、防火，以及关于放牧和收集薪材的规定）

5. 林分描述、活动规划表与记录

每个林分（小班或细班）需要保存两份不同的表：

（1）林分描述与规划表。包含：小班/林分编号和面积、林分描述及调查结果、规划期内的经营目标及生产目标以及营林措施的相关描述。

（2）活动记录表/执行情况表–空白表。在所计划的营林操作实施完成后填写，包括至少如下信息：实施日期/期间、实施的措施、作业区域、采伐木总株数、采伐的蓄积总量以及观察和总结。

6. 地图

（1）方位图（鸟瞰图，比例尺1∶25000左右）

（2）营林规划图（比例尺1∶10000）

第四节 / 编制步骤

编案工作步骤主要包括参与式规划和森林经营规划两个阶段。参与式规划包括选择村庄、传播信息、分析社区的总体森林状况、建立森林经营单位等。森林经营规划主要包括设定长期的经营目标、小班和林分划界、小班/细班调查及营林措施规划、其他杂项规划和编制森林经营方案文本、制图等。各步骤的产出内容详见表2-1。

表 2-1 森林经营规划步骤

步骤	主要活动	产出
1	设定长期的经营目标	告知森林经营单位，森林经营单位就其全部林地面积的长期经营目标进行讨论，并达成一致意见
2	小班和林分划界	勾绘地图；小班和林分清单
3	小班/细班调查及营林措施规划	完整填写外业规划调查表
4	其他杂项规划	森林基础设施建设方案；森林保护计划
5	编制森林经营方案文本、制图	按照模板编写书面文档，包括规划结果表；完善规划图

一、制定长期的经营目标（长达一个轮伐期）

制订森林经营单位的长期经营目标，需要同时考虑生态、经济和社会各方面因素。长期经营目标针对的是一个森林经营单位的全部林地面积，因此，至少应以其中一个重要的森林功能区域而不是林分，来规划长期经营目标。通常一个森林经营单位只有一个长期经营目标，仅偶尔会有两个或三个。需要注意的是，如果一个森林经营单位同时拥有商品林和公益林，这并不意味着需要确定两个经营目标，而是需要通过参与式讨论和规划来确定。此外，可以共用一套适用于整个森林区域的综合性的经营方法，这也是一种选择。

通过回答下列问题确定森林经营单位的经营目标：

1. 要优先考虑的森林功能是什么，商品林/公益林？对于这些优先考虑的森林功能，需要留出哪些主要森林区域？

2. 在流域管理、水库保护、防止土壤侵蚀方面需要哪种方法？

3. 用于游憩/休闲活动目的的森林，是服务于本地居民还是外来游客？

4. 现在和未来需要的主要林产品是什么，能持续生产吗？根据目前的森林状态，实现可持续生产需要多长时间？

5. 优先考虑的经营方法是什么，森林经营单位愿意采用近自然的森林可持续经营方法、一般的森林可持续经营方法，还是两者兼施呢？如果是后者，在哪些区域？

6. 在部分或整个森林面积是否有历史遗迹、悬崖、洞穴、寺庙等突出或特别的特征，从而需要特殊的经营目的？

7. 当地居民对未来的展望是什么？在一个轮伐期结束（大约 40～50 年）后，森林看起来应该是什么样子？

将对长期的森林经营目标做出决定，并用于指导短期规划和活动的实施。短期规划和活动实施需与长期经营目标一致，符合长期经营目标的精神。

二、小班勾绘

大多数情况下，"二调"期间小班都已经勾绘。只需要实地检查小班边界勾绘得是否清晰、实用。可能的话，尽可能遵循已有的小班；必要情况下可以在此基础上进一步划分细班（或者林分）。细班/林分在地形地貌和森林状况上或多或少具有同质性，同时，尽可能以使用权界定基本的经营单元。这些基本经营单元可以是整个小班（编号 1、2、3……），或者，在同质并且必要的情况下，为实施不同营林措施（编号 1a、1b、1c……）的需要，将小班进一步划分为细班。形成的小班和细班将被标注在地图草图上。

三、林分与立地分析及描述

与勾绘林分边界的工作相似，林分分析和描述也是在高强度的林分穿越过程中评估完成的。应调查并评估下列参数：

A. 小班身份信息：县项目办人员姓名、森林经营单位名称、小班编号、面积（公顷）、森林优先功能（防护林、用材林、薪炭林）。

B. 立地描述参数详情见表 2-2：

表 2-2 立地描述参数

参数	描述
海拔（米）	利用地形图推断小班的平均海拔（单位：米）
坡向	陈述小班的主要坡向：北向/东北/东/东南/南/西南/西/西北
坡度	平均坡度（°）
坡位	分为山顶、台地、上坡、中坡、下坡、山谷
母岩	分为玄武岩、石灰岩、黄砂岩、紫色砂岩、石灰砂岩、其他
土壤类型	小班的主导土壤类型按如下分类：黄壤、红壤、黄棕壤、紫色土、石灰土、其他土壤类型（在"补充性描述"中具体说明）
土层厚度	评估平均土层厚度，以厘米计
立地质量	评估立地质量类别，并在相应的类别上打钩： 好：土壤肥沃深厚，没有或者只有少量岩石/石砾，缓坡或者沟谷，现有林木生长明显良好（年蓄积生长量估计高于 8 立方米/公顷） 中等：土壤中等肥沃，极少量岩石，中坡或者缓坡，现有林木生长中等（年蓄积生长量估计为 4～8 立方米/公顷） 差：岩石较多，土层薄或者不肥沃，陡坡，立地裸露（山脊、山顶），现有林木生长明显差（年蓄积生长量估计为 1~4 立方米/公顷） 无生产力：石质立地，土层浅薄，而蓄积生长量低于 1 立方米/公顷·年

C：林分描述

立木覆盖度低于10%的小班，应划为"无立木"地。

一旦小班被划为"无立木"，就无需对该小班再做进一步的林分描述。

对于有立木的小班，林分描述参数见表2-3：

表2-3 林分描述参数

参数	描述
森林经营类型	在相应的类别上打钩，以表明该小班森林经营类型属于哪个类别：乔林、混乔矮林、纯矮林。
林分类型	按以下类别划分小班的林分类型：针叶纯林、阔叶纯林、混交林。如果某个树种或树种组（针叶树或阔叶树）占全体林木株数的比例超过80%，那么该森林就划分为纯林，否则划分为混交林。
起源	陈述当前的林分是怎样形成的：通过栽植、天然更新、混合方式（部分栽植、部分天然更新）等。
发育阶段	按下列标准界定主林层的发育阶段： 更新：树高<2米； 幼林：胸径<5厘米； 中龄林：胸径5~14厘米； 近熟林：胸径15~34厘米； 成熟林：胸径≥35厘米。 主林层是指在整个小班内主要营林活动集中开展的部分。
平均年龄与年龄范围	给出小班内林木的年龄上下限和平均年龄（年）。
林冠覆盖度	林冠覆盖度是小班土地被林冠覆盖的百分数（%），定义为"林冠的垂直投影面积"。有2个不同类别： a）胸径≥5厘米的林分； b）更新与幼林（胸径<5厘米）。 注：也可以通过估计林冠林窗的百分比，然后用100%减去这个值，来确定林冠覆盖度；对于复层林，两个覆盖度数据的总和可能会大于100%。
受损类型	通过分析整个林分，识别主要的受损类型：可能包括雪折、病虫害、盗伐、火灾、其他受损类型。"其他受损类型"需单独解释。 如果林分没有受损，则空置不填。
受损程度	受损程度（影响、出现频率）分类：轻微、中等、严重。
相邻区域	按传统要求描述小班相邻的区域（东南西北）的实际情形（所有权，土地使用情况，每行字数不超过20字）。

每个小班的调查结果都将录入到"林分描述与现场规划表"。

对林分和立地描述的补充性阐述：对于每一个林分，特殊立地条件和稀有物种的出现情况均需在"林分描述及外业规划表"中记录。

四、森林调查与林分结构评估

林分（小班/细班）一级的数据采集方法为，在林分描述及规划过程中，通过抽样得到每公顷株数和基本的蓄积数据。抽样的目标是评估林分结构，包括树种分布、密度及胸径分布情况（表2-4）。在这些数据的基础上，可估测胸高断面积、立木蓄积和采伐蓄积。

表2-4　林分调查表的基本内容

样地编号	树种名						平均高（米）	目标树（株数）	采伐木（株数）
	各径阶（厘米）株数								
	0	1~4	5~14	15~24	25~34	35+			
1									
2									

1. 树种：只考虑森林经营单位森林中的主要树种，其他可概括为"其他阔叶"或"其他针叶"。

2. 株数/胸径径级：按每5厘米一个径级，在样地中统计各径级林木的株数；径阶"0厘米"是指高度在2米以下的天然更新或新造林。

3. 平均高（米）：各树种主林层的平均高，可实测或估测。

4. 目标树：在小班中将被标记的目标树株数。

5. 采伐木：其他所有将被采伐的林木株数。

调查样地的设立：由林业技术人员在森林经营单位成员的协助下收集数据，样地为半径为5.64米（面积100平方米）的样圆。样地沿坡面上行，基本上呈系统分布，样圆之间距离相等（通过GPS定位）。开始时，应对样地进行实测调查，以便校准规划组的估测水平。随着经验的增加，这些数据可以通过合格的估测得出。样地调查结果将通过手工汇总计算，并录入到"林分描述及外业规划表"。上述结果最终录入到森林经营规划数据库，数据库将对林分（小班）的最终结果进行自动计算。

将由林业技术人员组成的规划组在森林经营单位成员们的协助下采集这些数据。

五、10年期经营规划

1. 经营目标：根据森林的长期经营目标以及对立地和林分实际情况的调查评估结果，界定10年期的短期经营目标。第一章中，表1-3"林分类型、经营目标及措施选择"针对各发育阶段的不同林分的典型经营目标进行了归纳总结，可供规则人员参照。为便于理解，表1-4"建议的主要营林措施类型"同时给出了各个营林措施类型的详细解释。

2. 10年期内的营林措施规划

小班营林措施的详细规划包括下列方面：

（1）措施年份：营林措施的年份根据该营林干预措施的紧迫程度而定。通常情况下，间伐和抚育较急迫，因此应该规划在近期内执行。

（2）措施类型：根据当前的林分类型、结构以及所确定的经营目标确定。各项营林措施的技术细节描述见第一章经营技术。

（3）作业面积（%）：指明该营林活动应在小班或细班内百分之多少的面积内执行。

（4）目标密度：界定间伐后应实现的林木密度（株/公顷），以便更好地指导技术人员和农民。建议以第一章经营技术中表 1-2 "林分密度管理参考" 所示的间伐密度为总体参考，具体可根据林分及立地的实际情况进行浮动。密度控制通常应用于密度很高的同质林分（如针叶纯林）。一旦林分形成混交，而树龄呈异质性，这时最好采用目标树方法。实践中，密度控制和围绕目标树间伐的方法应结合应用。

（5）间伐量：根据林分调查结果和所规划的营林措施，确定需要间伐的每公顷林木株数。

（6）施工说明：该小班或细班的特别需求，以及在营林实施中应注意的方面应予以说明。

森林经营方案的编案期为 10 年。10 年期内，同一个林分通常需要开展多次营林措施。表 2-5 以不同营林措施所适合的林分发育阶段为基础，提供了一个 10 年期内的营林措施安排示例。具体使用时，各项措施之间的时间间隔可根据林地的立地条件和林分情况浮动 1~2 年。

表 2-5　10 年规划期内营林措施安排参考

时间	营林措施								
第 X 年	栽植	除草	人工促进天然更新	抚育	间伐	择伐收获	林分改造	矮林、放牧地和其他利用	自然恢复
第 X+1 年	除草					栽植或人工促进天然更新	栽植或人工促进天然更新		
第 X+2 年	除草					除草	除草		
第 X+3 年		抚育	抚育			除草	除草		
第 X+4 年				间伐				传统经营利用活动	
第 X+5 年	抚育								重新评估并规划
第 X+6 年					间伐	抚育	抚育		
第 X+7 年		间伐	间伐						
第 X+8 年									
第 X+9 年	间伐			间伐					

六、杂项规划

1. 森林基础设施建设计划

在对森林进行穿越踏查的过程中，评估森林基础设施情况。查看是否存在必要的基础设施及其当前状况。在此基础上，制订一份基础设施建设方案。该方案包括新建、延伸或修复所需的林区通道，主要是用于间伐木的运输，其他可能的基础设施包括贮木场等，详见表2-6。基础设施建设方案必须考虑到下列方面。

（1）经济方面：执行所规划的营林活动需要该基础设施，费效比可行并且有相关预算。

（2）生态方面：注意基建对森林的入侵规模最小化，建设方案应尽可能考虑生态友好。

表 2-6　主要的基建类型

基建类型	宽度/规格	实施细节	单价估算
临时性窄步道	0.6 米	去除乔木、灌木以及一部分腐殖层 粗略地平整步道表面（尤其是岩石）	
运输便道（适合手推车）	1.2~1.5 米	去除乔木、灌木 平整路基（主要是岩石）	
补给线	2~3 米	去除乔木、灌木 采用装载推土机或压路机平整路基 排水装置	
贮木场	200 平方米	去除乔木及灌木	

2. 森林保护计划

（1）总体建议：合理的森林保护计划是一个森林经营方案被批准的先决条件，因为只有森林得到很好的保护，它才能持续存在。森林保护计划由县项目办和森林经营单位联合制订。在森林经营方案的第一部分，将对近期以及将来潜在的森林破坏情况进行阐述。在这一风险分析的基础上，应制定适合的、能够减少森林破坏威胁的保护活动计划。

放牧和采集树叶枯落物等活动可能会导致林分退化，如果是当地群众所要求的，森林经营单位应划定专门的地块，在这些地块上，上述活动能够在限定的范围和强度下继续进行。

完善的森林保护计划应涵盖下列部分：边界划分及维护、标牌、森林巡护、防火、森林保护规章。

（2）边界划分及维护：应在森林经营单位的森林边界外围与相邻的其他森林开辟出边界线（0.6米宽），边界线每年需要进行维护（保持敞开），它也可以用作步道，以方便木材运输、检查和巡护。少数情况下也可能需要竖立边界石或标记边界树。是否实施该措施将由森林经营单位和县项目办/乡镇林业站人员共同决定。只有在不存在边界争议并且得到相邻的林主同意的情况下，才能进行边界标记。

（3）森林巡护：森林经营单位负责保护它自己的森林。因此，必须保持一定的巡护频率。巡护有利于发现盗伐利用行为以及其他危害森林保护的情况。总体来看，每个月花4个半天的时间（每周半天）进行巡护是适合的。护林员在巡护时，将穿越森林或在其周边巡查。任何违反保护规章的行为应立即报告给乡镇林业站及/或县项目办人员。

（4）防火：森林经营单位的成员们有义务进行火灾的扑救。然而，扑火是很难的事，甚至有时候起的是副作用。可能最好的解决办法是杜绝森林火灾的发生。因此，可能需要在那些易发生火灾风险的地段规划并建立防火线。

（5）森林保护规章的分发：森林保护规章将以手册形式打印出来，并分发给森林经营单位成员以及邻村的农户。

3. 非木材林产品的利用规定

如果有重要的、已经在生产或计划进行利用的非木材林产品，这些活动必须写进森林经营方案。非木材林产品开发及生产必须与森林的总体经营目标相符，并且必须以不对森林或生态系统造成任何损害为前提。非木材林产品采集的权利和保护义务，必须公平地分配到森林经营单位的各个成员。

第五节／图表制作

一、制图

位置图（比例尺为 1∶25000 鸟瞰图）：鸟瞰图显示了整个森林经营单位的位置和边界，将被放置在森林经营方案第一部分的前面。该位置图可在现有地形图的基础上制作，在图上应能看到森林经营单位区域以外的邻近地区。

营林规划图（比例尺为 1∶10000）。营林规划图是营林活动实施的主要依据，该图显示了小班和林分的边界、所规划的营林活动以及现有的森林基础设施。如果一个小班中规划了不同营林活动，可行的话应分别标示每种活动在小班中的相应位置，或者用代表两种营林措施的颜色或图案填充表示。

二、营林规划结果表

采用森林经营方案数据库记录数据，并由数据库自动生成统计和分析结果。森林经营方案中应包括的表格及其结果分析见表 2-7 至表 2-16。

表 2-7　森林资源汇总表

按林地类型			按森林功能类别			按发育阶段				
合计	有林地	其他	合计	商品林	公益林	合计	无立木地	幼龄林	中龄林	近熟林
面积（公顷）			73.7	0.0	73.7	73.7	0.0	6.9	6.6	60.2
蓄积（立方米）						8876	–	19	396	8461
单位蓄积（立方米/公顷）						120	–	3	60	141

表 2-8　林分描述一览表（示例）

小/细班号	面积（公顷）	经营分类	林分类型	发育阶段	林冠盖度（%）	更新情况（%）	生产潜力	受损情况	受损类型	备注
01	8.6	公益林	针叶林	近熟	60	20	好			很多老的阔叶树；稀疏，有空地，郁闭度 0.6
02	7.4	公益林	针叶纯林	近熟	60	20	好	轻微	病虫	低质林木为主，稠密处林木细弱
03	3.7	公益林	针叶纯林	近熟	60	15	中			有空地，少量天然更新
…	…	…	…	…	…	…	…	…	…	…

表 2-9　林分组成及结构（示例）

小/细班号	树种	N 0	N 1~4	N 5~14	N 15~24	N 25~34	N >35	>5厘米总数	平均胸径（厘米）	平均高（米）	总蓄积（立方米/公顷）	采伐蓄积（立方米/公顷）	目标树（株/公顷）
01	马尾松	0	0	100	400	300	0	800	23	13	195	24	150
01	其他阔叶树	100	100	50	40	10	0	100	17	10	11	0	0
02	马尾松	0	0	900	600	0	0	1500	15	12	153	31	150
02	其他阔叶树	0	150	50	0	0	0	50	10	3	1	0	0
03	马尾松	0	0	0	800	0	0	800	20	10	117	15	100
03	杉木	0	0	200	0	0	0	200	10	5	5	0	0
04	马尾松	0	0	1800	100	0	0	1900	11	9	83	26	200

表 2-10　营林规划一览表（示例）

小/细班号	年度	营林活动	作业区域（公顷）	采伐强度（株/公顷）	采伐蓄积（立方米/公顷）
01	2012	sC 间伐 2	8.6	100	41
02	2010	sC 间伐 2	5.2	100	22
02	2010	Th 间伐 1	2.2	300	8
03	2013	sC 间伐 2	3.7	100	22
04	2010	Th 间伐 1	3.9	600	16
04	2015	sC 间伐 2	3.9	300	66
05	2010	ANR 人促	2.1	0	

表 2-11　分年度及措施类型作业面积汇总表（示例）　　　　单位：公顷

营林措施	总作业面积	2010 年	2012 年	2013 年	2015 年	2016 年	2017 年
ANR 人促	6.6	5.3			1.3		
NR 自然恢复	22.2	22.2					
sC 间伐 2	48.3	7.9	9.7	3.7	17.4	3.6	6.0
Te 抚育	2.9	0.9	2.0				
Th 间伐 1	13.4	13.0	0.4				

表 2-12 分年度采伐蓄积汇总表（示例） 单位：立方米

营林措施	总采伐蓄积（m³）	2010 年	2012 年	2013 年	2015 年	2016 年	2017 年
ANR 人促							
NR 自然恢复							
sC 间伐 2	1527	215	368	82	692	104	66
Te 抚育							
Th 间伐 1	137	135	2				
合计	1664	350	370	82	692	104	66

表 2-13 劳动力需求表

小/细班号	所需劳动力（人天）										项目期小计	规划期合计
	2010 年	2011 年	2012 年	2013 年	2014 年	2015 年	2016 年	2017 年	2018 年	2019 年		
合计												

表 2-14 各小/细班规划所涉及的劳务补助一览表（示例）

小/细编号	小/细班面积（公顷）	年度	营林活动	作业面积（公顷）	估计所需劳力（人天）	补助计算单位	补助单价（元）
01	8.6	2012	sC 间伐 2			株数	0
02	7.4	2010	Th 间伐 1			株数	1.2
02	7.4	2010	sC 间伐 2			株数	0
03	3.7	2013	sC 间伐 2			株数	0
04	3.9	2010	Th 间伐 1			株数	1.2
04	3.9	2015	sC 间伐 2			株数	0
05	2.1	2010	ANR 人促			公顷	300

表 2-15 各营林措施劳务补助按年度分布情况（示例） 单位：元

营林措施	金额合计	2010 年	2012 年	2013 年	2015 年	2016 年	2017 年
ANR 人促	1980	1590			390		
NR 自然恢复	0	0					
sC 间伐 2	0	0	0	0	0	0	0
Te 抚育	858	270	588				
Th 间伐 1	6174	6080	94				
合计	9012	7940	682	0	390	0	0

表 2-16　基础设施建设计划表

基础设施类型	计划长度（m）或数量	项目补助单价	补助金额（元）
永久性窄步道（0.6 米）		3 元/米	
运输便道（可通过手推车或独轮车，1.2 米）		6 元/米	
集材道（2 米）		2 元/米	
补给线（2 米）		16 元/米	
贮木场（200 平方米）		250 元/处	
合计补助金额（元）			

附件 2-1：建议的图例（见文后彩版）

建议的图例

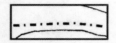

小班边界

细班边界（林分）

GPS - 定位点

所规划的经营活动（措施）类型

边界澄清/划分

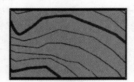

中龄林的间伐
（胸径 5~14 厘米）

补给线

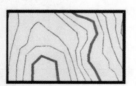

人工促进天然更新/抚育
（胸径 1~4 厘米）

自然恢复

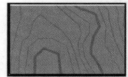

择伐
（胸径 15~35 厘米）

栽植/补植

收获性采伐
（胸径 >35 厘米）

林分改造

附件 2-2：林分描述及外业规划表

识别信息：

县	森林经营单位名称	小班号	面积（公顷）	森林功能：		规划组	日期
				商品林	公益林		

总体描述：

海拔（米）		立地质量		无立木		林分类型		起源		发育阶段	
坡向		好		森林经营类型		针叶纯林		人工林		更新	
坡度（°）		中		乔林		阔叶纯林		天然林		幼林	
坡位		差		混乔矮林		混交林		混交林		中龄林	
母岩		无生产力		矮林				其他		近熟林	
土壤类型										成熟林	
土层厚度（厘米）										过熟林	

年龄/平均		林冠覆盖度（%）		受损类型		受损程度		四至边界描述	
下限		胸径>5厘米	更新+幼林	雪灾		轻微		东	
上限				病虫害		中等		南	
平均				盗伐		严重		西	
				火灾				北	
				其他：____					

林分调查：

树种	基于树高或径级（株数/公顷）										树高*（米）	目标树（株数/公顷）	采伐木（株数/公顷）
	树高<2米	胸径1~4厘米	5~9	10~14	15~19	20~24	25~29	30~34	≥35	∑≥5			

对林分和立地的补充描述（如有必要）：

经营目标：

---

* 注：树高，即主林层平均高。

29

10 年期营林规划：

年度	措施	作业面积（%）	对于采伐活动（株数／公顷）		特别说明
			主林层伐后目标	采伐木	

附件 2-3：林分调查表

县	森林经营单位名称	小班号		样地大小	规划组	调查日期
				100 平方米		

样地编号	树种 1：									合计 ≥5	平均高（米）	目标树（株）	采伐木（株）
	各径阶林木株数												
	树高 <2 米	胸径 1~4 厘米	5~9	10~14	15~19	20~24	25~29	30~34	≥35				
1													
2													
2													
4													
5													
株数／公顷**													

样地编号	树种 2：									合计 ≥5	平均高（米）	目标树（株）	采伐木（株）
	各径阶林木株数												
	树高 <2 米	胸径 1~4 厘米	5~9	10~14	15~19	20~24	25~29	30~34	≥35				
1													
2													
2													
4													
5													
株数／公顷**													

样地编号	树种 3：									合计 ≥5	平均高（米）	目标树（株）	采伐木（株）
	各径阶林木株数												
	树高<2米	胸径1~4厘米	5~9	10~14	15~19	20~24	25~29	30~34	≥35				
1													
2													
2													
4													
5													
株数/公顷**													

注：株数/公顷** = 来自于各个径级的总株数 / 样地数×100

第三章
实施监测

　　监测是对森林可持续经营活动的实施程度和营林措施质量进行的检查评估。在检查实施情况的同时，监测也将对森林经营规划自身的质量及实用性进行评估。按照项目执行计划的规定，森林可持续经营实施的监测目标可分为以下几类：一是提供关于可持续森林发展活动与成果的详细、可靠和真实的信息；二是判定已实施的森林经营措施是否与营林指南和森林经营规划中规定的标准相符合，监测结果将决定已实施的项目措施能否有资格获得补助；三是发现和描述遇到的问题，从而为各级项目工作人员以及各个实施团队提供额外的建议和培训。监测系统以一致认同的项目理念和项目文件为基础，尤其是以营林指南、森林经营规划指南和执行计划中的规定为参照。监测系统在专业质量方面必须满足基本的统计要求，从而生成可靠的信息和结果。监测核查的结果将作为参与农户获得劳务补贴的依据，以及项目执行机构向德国复兴银行报账的基础。

第一节／监测程序

　　营林规划和监测的基本单位为林分，在此项目中定为小班。"二调"中的小班分界范围应被最大程度地采用。一是被监测单位应提供全部有关的背景文件，尤其是经过审批的、内容齐全的森林经营方案、林分现场表格以及整个森林经营单位的规划图。在未具备这些文档的情况下，监测活动将不能开展。二是项目已完成的基建工程（公路、集材线、标志牌等）做了详细报告并制图。通过"基础设施表"对基础设施建设情况进行统计。

　　监测程序自下而上进行：

　　1. 在当地林业技术人员的协助下，森林经营单位记录详细、清晰的营林措施和基建措施，这些记录包括作业面积和采伐。林分描述及外业规划表（小班现场表格）中的"实施"栏，将用来记录小班所有相关的实施活动及结果。

2. 在经过县项目办工作人员现场核实（自我核查）后，这些记录将被录入到安装在县项目办的森林经营方案数据库中。

3. 监测中心将以实地核查的形式对上报的措施进行定期（在每年 7 月和 12 月的工作周期之后，每年两次）核实和评估。项目经营核查工作将 100% 覆盖县项目办上报的实施面积。

4. 监测人员判定汇报的措施是否合格、上报方是否可以获得相应劳动报酬。必要时还可将面积调整至实际实施面积。如果实施措施完全不合格，则将取消其劳动报酬。项目监测检查的结果将被总结在监测报告中，监测报告就是向森林经营单位支付劳动报酬的依据。

5. 除对执行的措施进行详尽核查外，监测团队还将对其他细班（相邻或相交的细班）的情况进行随机抽查，抽查主要通过观察的方法来监测细班受保护的情况以及是否有乱砍滥伐的情况发生。总体监测结果将会被录入数据库的细班综合列表中。

6. 国际咨询机构将会以抽样调查的方式对监测的结果进行复查核实。

在每个森林经营作业季节之后，县项目办采集、核实并录入实施的营林措施信息。相关信息录入数据库之后，可以从数据库中打印出小班外业监测表，该表将包含小班的所有信息。同时，还能利用数据库打印一份包含了经营单位所有小班的列表，用于开展小班保护情况的监测。县项目办应提供一份包含整个森林经营单位实施区域的地图，地图最好出自 GIS 数据库。

一、县项目办和森林经营单位的文档检查

在具备了外业监测表和反映森林经营单位实施面积的地图的前提下，由监测中心、县项目办和乡镇林业站工作人员组成的监测小组将与森林经营单位联系接触。

1. 检查合同和森林经营方案的真实有效性。

2. 采集森林经营单位的简要信息（如经营类别、成员人数等）。

3. 查找林分描述及规划表，并比较其记录是否与监测数据库的记录吻合。如果有不同之处，与经营单位澄清。

4. 基建实施报告的检查同上，并特别留意实际实施和实施之前的区别，以及地图标注是否清晰。

5. 记录森林经营单位在实施过程中的体会和经验，这些信息应反映到随后的监测报告中。

6. 邀请森林经营单位成员参与现场检查。

二、对小班规划质量的监测

通过对小班进行彻底穿越和在实施间伐的林分内设置样地相结合的方法，对森林经营规划以及实施质量给予评价。

1. 对小班位置及区划的评估

（1）监测工作组组长必须确定小班能否被明确辨别。

（2）核实行政单元内的大致位置标识，以及地图所示的地形边界（如果存在疑问，可使用 GPS 进行核实）。

（3）核查在地图上能否清晰地辨别小班，注意其编号和分界；在开始入林考察之前，林分边界应清晰明确；观察林分边界的地形情况，使用 GPS 定点，来确定监测行走距离。

（4）评估林分主要功能类型：与立地条件和权属情况比较来看，林分功能类型划分是否合理。

（5）林分是否按照相同结构、相同营林措施的原则得到了合理区划。

所有质量参数按以下等级来评估：+满意、0 可以接受、−不满意。

2. 对林分描述的评估

正确描述并分析林分状况是合理规划的基础。因此，监测人员应该对森林经营方案的林分描述进行评估，并判断与之相关的经营目标和营林措施是否得当。详见表 3-1。

表 3-1　立地与林分描述评估项

参数	值	评估
海拔	从地图上取平均值	正确？
坡向	从地图上/立地取平均值	主要坡向吻合？
坡度	从地图上/立地取平均值	平均坡度吻合？
母岩	玄武岩、石灰岩、黄色砂页岩、紫色砂岩、石灰砂岩、其他	确定的哪种母岩？
土壤类型	石灰土、其他类型	确定的土壤类型吻合？
土层厚	<10 厘米、10~30 厘米、30~50 厘米、>50 厘米	评价是否合适？
生产潜力	好、中、差、没有生产力	与当地的平均水平比较：是否合理？
森林经营类型	乔林、混乔矮林、矮林、无立木	森林经营类型吻合？
林分混交状态	针叶林、针阔混交、阔叶林	混交类型吻合？
起源	人工林、天然林、人工/天然混合起源、其他	起源吻合？
发育阶段	更新、幼林、中龄林、近熟林、成熟林、过熟林	发育阶段吻合？
林冠覆盖度	胸径>5 厘米的林木覆盖度（%）	估算的质量如何？
	胸径<5 厘米的林木覆盖度（%）	估算的质量如何？
受损情况	雪折、病虫害、不规划采伐、火灾、其他（需要明确）	现在能否观察到所述受损情况？
受损程度	轻微、严重、中等	受损程度是否合理？

3. 对林分调查的评估

如果建立在充足和可靠的抽样基础上，林分的组成和结构则可由几个关键参数很好地表示出来。对于不均质的林分来说，采样工作会有一定难度。但尽管如此，经营规划应就当前树种的组成和胸径分布提供一个合理的估计，最好以每公顷内各径阶的株数表示。并且，建议使用"株/公顷"为单位界定和评估间伐强度。此参数更加客观和易于掌控。

对林分调查进行监测的结果与森林经营方案数据之间的不同之处将会反映出营林措施的强度和效果，对于间伐措施来说尤为如此。监测调查也需对新砍的伐桩进行计数，以此来达到验证的目的。调查将会对森林经营规划结果的合理性进行评估，涵盖以下方面：一是树种组成（尤其是主要树种）；二是胸径分布（同上）；三是总体密度估算；四是保留木的密度是否按营林学的角度规划合理（根据主要林分的密度和胸径分布）；五是已标记的目标树的质量和分布是否选择合理。监测将会对小班调查数据、目标树的选择质量进行总体评价，并提供必要的备注。

4. 对规划质量的评估

合格的林分描述和林分调查应该能够就森林功能和经营目标给出正确的界定。在任何情况下，不管是描述本身恰当与否，或者因此做出的规划正确与否，经营目标定义得不合适都是一个严重的错误。详见第一章表1-3"林分类型、经营目标及措施选择"。

以下参数将用来评估规划质量（表3-2）。

表3-2 营林规划评估参数

参数	评估要点
规划的措施是否合适？	经营目标是否适用于林分类型？
	根据规划的措施，是否有可能实现经营目标？
	规划的措施是否符合营林指南要求？
规划的强度是否符合林分状况	规划的强度（采伐木株数）是否符合林分状况（见小班调查结果）？
	表述的规划面积是指净实施面积吗？
优先考虑的措施是否符合营林需求和工作量的分配	优先度（规划的实施年度）是否考虑到营林需求和林分的演进（即是否是在合适的时间实施该措施）？
规划备注	是否为措施的实施提供了详尽中肯的备注？森林经营单位能否理解这些内容？

三、对实施的评估

这是当前监测评估的一个关键参数，它将被用来判定实施的措施是否合格，从而可以发放项目补助。因此，必须基于林分描述和调查的结果，对各个方面进行尽可能客观地评估。

1. 质量评估

按照以下参数，对实施的质量进行评估，详见表3-3。

表3-3 实施质量评价参数

参数	评估要点
实施是否遵循了规划？	在质量方面，实施是否遵循了规划？
	规划和报告实施完成的措施，是否遵循了营林指南的要求？
林分质量是否改善？	是否促进了优良植株，并压制了不良植株？
	是否通过采伐干扰木，选择并促进了合适的目标树？
	密度是否符合生产目标？

（续）

参数	评估要点
实施质量/是否造成破坏	采伐和集材是否对保留木（尤其是目标树）造成了破坏？ 对更新层和林下是否造成了过多的破坏？ 有没有尊重伐木和集材的相关技术要求？
维护与保护情况	是否确立并实现了一般性保护？ 规划中有必要开展的除杂工作是否实施了，强度（点状除杂）、频度和实施季节是否合适？ 是否在规划外乱采了林木？

如果严重违背了项目的营林原则，整个措施即被评定为不合格。

（1）林分质量是否得到改善：对这个最重要的参数进行评估，需要良好的营林专业知识，更重要的是，还取决于对措施实施之前的林分质量情况的了解。对于完整的林分，营林指南原则上会要求其具有理想的密度、结构和林分组成，但是受灾林分或者其他形式的退化林分，都不可能在短期内达到这种理想状态。因此，监测者对该参数进行评价时，应从林分混交状态、结构、（生物）多样性、稳定性以及有价值的林木生产角度判断，是否实施的措施有可能使林分朝着项目理想的总体营林目标方向发展。如果在实施间伐过程中，出现超采或者最有价值的林木被伐走的情况，监测者将给出负面评价。也就是说，不合格的采伐造成了对保留林分过多的破坏。

（2）营林措施的实施质量：如果监督和惩罚机制不到位，而林业工人自身技术掌握不好或意愿不强的话，可能会对保留林分、林木更新以及土壤造成不同程度的破坏，将采伐工作交给承包商组织实施时尤其如此。

实施措施后如果出现过度采伐、采伐目标树或者采伐对保留林分造成了过多破坏，导致林分质量明显退化的，该实施应判定为不合格。

2. 数量评估

最重要的监测结果，是以数量形式反映在监测表格最下方的监测合格结果。结果包括按规划实施的合格面积、采伐株数或存活的栽植株数等。监测小组将对报告的下列参数给予确认和清晰阐述。

（1）实施日期：在营林措施实施完成后，必须尽早组织实施监测。栽植需要等到一个完整的生长季结束后（检查成活率），自然恢复需要等到实施2~3年以后（检查天然更新的发育情况以及保护状态）。

（2）实施的措施：是否根据营林原则/要求，实施了原先规划的措施？（见第一章表1-4定义的标准）。如果实施的是规划外的另一种措施，陈述实际实施的措施。

（3）实际作业面积：对某些营林措施（栽植、抚育）来说，作业面积是支付的基础，因此必须严格评估。作业面积是否与规划面积一致？是否在报告的整个作业面积内都实施了规划的措施？

（4）胸径<15厘米的林木株数：对于中龄林（胸径5~15厘米）间伐，要单独对胸径

<15 厘米的林木株数进行评估，这是之后发放补助的基础。在监测时，该数据是通过设置样地，计数样地内的伐桩数量（伐桩直径<20 厘米）推算得到。在此提醒：需要报告的是实际采伐的总株数，而不是规划口径所使用的株数/公顷。

（5）总株数：此数据用于评估总的实际施工量。

监测结果与县项目办汇报的实施数据相比，可以容忍合格面积与合格株数方面±20%的偏离度。在此条件下，可采纳县项目办报告的数据。

如果总体实施质量尚可接受，但是与监测结果偏离度为±20%～±50%之间的，监测中心可以对合格面积和/或合格株数按比例扣减。如果该小班还可以通过进一步实施弥补改进，此次应当把小班实施判定为不合格；待整改实施完成后，县项目办重新在数据库里报告实施情况，接受监测中心下一次检查。

如果实施质量与监测结果偏离度超过±50%，原则上此实施应判定为不合格。当然，在未造成林分质量下降的前提下，该小班仍可整改实施后重新纳入下一次监测。

四、对基建措施实施情况的监测

基础设施建设内容将以森林经营单位为对象报告和监测。因此，非常有必要提供一份包含整个经营单位实施面积的总览图。与营林措施一样，森林经营单位每年按照基础设施类别，将基建实施数据汇报给县项目办，再由县项目办相应录入数据库。为了方便了解整体情况和方便理解，需要就一个森林经营单位的所有累计实施的基础设施内容进行累计汇报（由监测数据库生成）。

对基建措施实施的跟踪，必须是以制图为基础。由于在不同时期，基础设施建设会在不同地点和不同小班实施，所以需要设置清晰的图例和编号体系，以便识别实际实施的基建措施。建议按照实施顺序和实施类别为基础设施建设内容编号。这些编号必须清楚地在地图上标识出来。在该地图上，应当清晰地显示各段基础设施实施的开始和完成时间。借助 GIS，可以清晰、高效地实现这项任务。与小班调查相类似，监测将从地图上识别出县项目办汇报的基建类别，并根据项目技术指南中提供的技术标准，（参见第二章表 2-6 "主要的基建类型"），评估实际实施与森林经营方案中的规划地图是否一致，包括汇报的数量和长度（精确到米），以及实施质量。

第二节 / 监测细则

在林分记录表中，按照实施时间、措施类型、作业面积、林木株数（蓄积）等简单的参数，对小班的规划与实施情况作了描述。监测的任务之一是检查实施与规划是否符合，即规划的措施在多大程度上得到实施。为了评估规划的质量以及所规划的营林措施是否有意义，必须检查确认规划的措施符合林分状况的要求，否则某些营林措施的开展将会毫无意义。项目营林指南中针对各类营林措施类型进行了定义，概括如表3-4。

表3-4 营林措施类型简表

类型	经营目标	措施	数量单位
人工促进天然更新	促进合格的更新	人工促进天然更新（树高<2米），点状除杂，结合少量抚育	公顷
自然恢复	自然恢复	通过保护，创造自然的林木更新和生长环境，实现林分结构恢复	公顷
栽植/补植	恢复商品林	在天然更新不足的地方，补植经济树种	株
幼林抚育	选树，以改善林分质量与混交	对极年幼的林分（胸径1~4厘米）进行抚育选优	公顷
间伐1	改善林木生长情况提高木材质量	在中幼林分（胸径5~14厘米）实施间伐，同时选择目标树	株
选择性采伐近熟林（间伐2）	生长至林分成熟	在近熟林的间伐（胸径25~35厘米）	株
择伐收获	更新	择伐（胸径>35厘米），以促进林下更新	株
林分改造	矮林改造为乔林	砍灌除萌+栽植，保留实生幼树	公顷

一、栽植和补植

如果规划是针对具有林窗的退化林分，需要满足以下条件：一是具有良好的立地条件，从而保证栽植的林木生长良好；二是得到完全的保护，没有放牧；三是面积足够大（>1亩），从而确保有足够的光照，或者林冠比较稀疏，覆盖度<30%；四是没有足够的天然更新。

林木栽植间距为2米×2米。为了得到栽植成活率的结果，需要在苗木栽植后经过了一个完整的生长季后对其进行监测。通过样地调查估算有效的栽植面积以及该面积内成活的苗木密度（株数/公顷）。监测结果将如实反映在监测数据库中。在成活率至少为85%（成活苗木株数为2125株/公顷）的前提下，合格情况将以栽植面积表示。

二、人工促进天然更新（人促）

规划此措施是为了促进树高<2米的天然更新植株。根据营林指南，只有当干扰性灌木或攀缘植物妨碍了树木的生长，或者人为活动影响了更新的继续发育时，人促才有必要。在这些更新地块实施的人促措施包括：一是严格保护，严禁采伐并防止牛羊践踏啃食和火灾发生；二是小心地清除掉所有竞争、干扰性的灌木和攀缘植物。监测需要陈述对林分的保护是否有效，是否开展了必要的管护。如果严重忽略了这一方面，实施将被视为不合格。

三、抚育

抚育的对象是那些正在进入质量调整阶段的幼林。在此阶段，树冠正在慢慢郁闭，开始自然整枝。林木未来质量如何，现已开始出现分化。在这一阶段，可以通过清除低质量的林木来促进优良植株的生长，进而提高未来林分的平均质量。抚育的另一个目标是在这个林木生长特别活跃的阶段，调整林分的混交状态，即压制对目的树种的生长发育构成干扰的林木以对其实现促进。

监测应当陈述现场是否有抚育措施的痕迹以及采用的抚育方式在营林学意义上是否有效。监测人员尤其应当观察的是，在必要的地方那些质量优良、有前途的林木以及有价值的林木是否得到了促进。抚育实施后稳定存活下来的林木密度大约为 2500 株/公顷。当然，决不允许把林下清理得干干净净，也不许对幼树进行修枝——这些活动完全没有必要，并且这样做会导致扣减合格面积——如果没有达到抚育程度，或者抚育实施方式错误，那么，合格面积应当扣减。

四、间伐 1

间伐 1 的对象是幼龄至中龄林（胸径<15 厘米）。间伐 1 的目的重点是促进那些质量优良林木的径级增长，以获得更高的目标直径，或者在短期内可以达到某一特定直径。间伐方式必须符合生产目标。如果要生产大量的小径材（而非大径材），那么，就需要使林木保持较高密度。

间伐必须集中在中幼林阶段实施，此时实施间伐，林木生长对此会有积极的反应。在较老的林分，强度过大的间伐只会破坏保留林分的稳定性和降低产量。项目理念是针对胸径<15 厘米的间伐实施提供补助，原因是在此阶段实施间伐效果最好，而同时间伐并不会产生多少经济收益。对于很密的同质性强的针叶林而言，其林木密度的演化有规律可循。

表 3-5　林分密度的径阶管理

平均胸径（厘米）	7	12	17	22	27	32
径阶范围（厘米）	5~9	10~14	15~19	20~24	25~29	30~34
伐前密度（株/公顷）	2500	1700	1200	850	600	425
间伐密度（株/公顷）	800	500	350	250	175	0
间伐株数强度（%）	32	29	29	29	29	0
伐后目标密度（株/公顷）	1700	1200	850	600	425	425

上述内容亦见第一章表 1-2 "林分密度管理参考"。此方法假定的是一个相对系统化的间伐方案，从而实现均匀一致的林分和最优的林木生产目的。对于混交林和异质性较强的林分，建议采用目标树的理念，选择一定数量具有良好外形、生长健康和规则分布的树木，进行永久性标记，这可以在林分实施第 2 次间伐时进行，选择的目标树胸径为 12~15 厘米。目标树选择的数量取决于立地质量和林分质量，大约为 150~250 株/公顷。在间伐过程中，只把直接影响到目标树生长的干扰木清除掉，因此，选择采伐木的工作可以更高效地完成。

目标树需要一直保留到主伐。在任何情况下，都不能被砍伐或破坏。

通过随机设置样地，监测检查实施的间伐强度，估算保留林分的密度和胸径分布，标记的目标树数量，以及上次间伐产生的伐桩数。监测需要评估是否在全部汇报面积内实施了间伐，以及实施是否遵循了合理的营林方式。如果发生了明显的优质林木流失（砍优留劣），或者下层植被遭到破坏，或者采伐对林分造成了严重损伤等情况，实施将判定为不合格。另外，在评估间伐实施情况时，需要考虑采伐木的调查数据（即测径清单），但是测径清单本身也必须接受检查确认。

五、间伐 2

间伐 2 的规划对象为近熟林（胸径 15~35 厘米）。从营林需求的角度来看，这项措施通常并不是必需的（更多是出于收获木材的角度）。但是，监测时应检查目标树的保护情况，以及如表 1-2 和表 3-5 中所示的林分必须维持的最低密度。如果在实施间伐 2 的林分内，有一些幼林地块按照林分密度管理表实施了间伐，应对所报告的胸径<15 厘米的采伐木株数（适用于间伐补贴的株数）进行验证和确认，但是它所针对的绝对不是老林林下采伐小树的情况。

六、择伐

规划对象为成熟林（胸径>35 厘米）。主伐的目标是实现最优的天然更新，即从已经具有天然更新的地块开始，逐渐将老树伐走。为了保护好更新的小树，间伐和集材时要十分谨慎小心，天然更新的完全建立通常需要 3~5 年时间。

七、林分改造

规划对象可以是令人不满意的林分，需要栽植另一个树种，或者是需要把矮林/灌木林改造成乔林。必须在已经清理好的林地上，先完成苗木栽植，才能对林分改造活动进行监测。在栽植后的前几年，直到新造林分已经完全稳定建立之前，需要实施高强度的除杂和抚育活动。

八、自然恢复

规划对象仅针对受到严重损坏和发生退化的林分，如果能够得到长期的有效保护，避免人为的破坏性影响，林分可以自然恢复起来。监测时应观察是否实施了保护和封山，实施的整个 5 年期内，都必须对保护情况进行跟踪观察。抽样监测将会评估封山的有效性以及自然恢复的进展。

九、没有活动

针对的是永久性没有生产力的立地，这个类别不需要在"实施"栏中汇报，也不需要有监测；但是，在对森林经营方案的规划进行评估时，需要判断是否遵循了营林指南，将真正适合的地块规划成了"没有活动"。

第三节／抽样方法

一、抽样方法

为了对栽植和间伐（间伐1、间伐2）措施进行更好、更客观的跟踪调查，建议在实施过的林分，采取一种简单、迅速的抽样调查。森林经营规划的林分调查以及实施间伐前的测径清单，都有这样类似的数据组。在抽样检查的同时，要穿越、踏查小班，对林分描述和规划进行监测。抽样调查的主要目标是采集林木径级实际分布情况的信息。本项目径阶范围定义较宽，经验丰富的技术人员因此能够很容易地估计每株林木所属的径级范围。采样将收集以下参数信息（附件3-2）。

1. 树种：树种名称（只需登记主要树种，其他树种可归为"其他阔叶树"）

各个径级的保留木株数：在样地内，按径级分别记录每株林木。径级"0厘米"是针对树高<2米的更新层，也可以用于新造林地的取样。

2. 伐桩：在对伐桩数量进行估算时，需要仔细观察，从而确定间伐强度是否合格。直径<20厘米的伐桩均可被视为胸径<15厘米的采伐木的伐桩。

3. 目标树：如果样地内标记了目标树，也应进行计数登记。

由于林分状况不均匀，尤其是在遭受雪灾损害之后的林分，调查将很难保证较高的统计精度。在某些观察得到的结果中发现，林分密度的变异系数经常会高于50%。即使是采用很低的置信水平，在各种抽样数量条件下，标准差也很容易超过30%（表3-6）。

表3-6　不同样地数量下的采样误差

采样数量	2	3	4	5	6	7	8	9	10
标准差%（置信水平＝信度量：样标准偏离度＝55%）	39	32	28	25	22	21	19	18	17

因此，平均每个小班应至少设置5～10个样地。考虑到经常出现复杂的地形（陡坡）和林分条件（下木稠密）等情况，因此推荐采用面积相对较小的样地：采用100平方米的样圆（半径5.64米），既容易俯视也能水平展开。可以通过较高的样地数量来弥补样地面积较小的不足，从统计学角度看，这样做也更有效。设置样地应采用随机方式，先确定要设置多少个样地，然后使用GPS确定样地距离间隔以及横跨整个小班的距离，经验证明，这是一种非常有效的方法。

二、数据处理

数据库以微软的ACCESS数据库软件编程，OFFICE软件的专业版才含有整个软件的所有组件，因此必须安装OFFICE的专业版。森林经营方案数据库包含数据库的应用程序和表格数据库。每个县项目办都有自己的这样一套数据。每次均应使用最新版本的数据库应用程序，并使用来自于县项目办的最新的数据集。在打开应用程序后，出现的界面是主菜单，主菜单界面上罗列了各个功能键。

首先需要保证链接到了正确的数据集：单击主菜单界面上的"更新数据链接"按钮，该按钮会激活软件的链接表管理器。勾选"始终提示新位置"以及"全选"，然后找到存储数据的实际路径并选定。只有在存储路径改变时，或者数据库名称改变了的情况下，才需要此操作。

命令键"输入森林经营方案数据"可打开一个界面，在此界面下可以通过输入县、乡镇和行政村，最后选择确定一个森林经营单位。之后，显示的是可供编辑的一个森林经营单位所有小班的数据。如果选中森林经营单位所使用的"选择位置"界面一直打开，它将提供一个筛选器的功能。这个筛选功能在以下命令键中同样适用。

命令键"实施、监测和支付一览表"可以针对选中的森林经营单位，生成针对该森林经营单位所有小班（如命令键所示内容的报告）。对于监测人员来说，这个报告可以作为需要监测的小班一览表，或者作为监测结果一览表。该报告还显示了基础设施报告情况，以及对基建的监测结果（需要在"森林经营单位数据"界面下输入数据）。

命令键"监测外业表格"打开的监测表是一个预览模式，在实施监测之前，需要将此表格打印下来。林分调查表格应复印到监测外业表格的背面。所有报告实施完成了、而尚未监测的小班，均需打印出外业表格。

在命令键"输入监测数据"打开的界面里，录入小班的监测结果数据。先转到所筛选的特定森林经营单位界面，把这个界面保持打开并最小化，该界面会提供需要监测的森林经营单位的所有小班，方便监测者将监测结果录入到各个小班。使用屏幕左下方的"向前""向后"按钮来选择小班。

命令键"分小班的监测结果"罗列出了所有已经报告但尚未实施支付的实施内容，以及监测通过的措施、面积、胸径<15厘米的采伐木株数以及总的采伐株数。

三、监测报告

监测报告须简练、清晰地反映出项目实施的进度及质量。它的主要目标是：一是生成合格小班面积的详细内容；二是根据不同参数，对经营规划质量做出评价；三是根据具体问题和位置，给出可能的改善建议。

报告应包含以下章节：一是调查方法及其内容，记录参与调查的人群、现场工作时间、工作组、采用的技术；二是调查结果，在报告期间监测通过的、分各个营林措施的合格实施面积（应显示报告的面积、实施质量、监测人员提出整改意见的理由等之间的关系）；在报告附录中应附上详细的小班清单，相关清单可用数据库报表生成；三是基础设施调查，报告已实施并已完成的基建工程以及质量评估结果；四是森林经营规划质量，对已实施和实施之前的规划，根据各个评价参数形成评估意见；五是建议，根据以上结果提出可行的解决方案。对于高强度监测检查中的监测印象以及与林主和森林经营者之间的讨论等无法以数据和参数形式体现的信息，应以文字形式记录下来，以便为项目下一步的实施和管理调整提供参考。

附件3-1：监测外业表（示例）

中德林业项目——林分描述及规划

高坡森林经营单位林分描述　　　　　　　　　　　　　　　　　　　　　　监测日期：　　　　监测小组：

县	乡（镇）	村	经营单位	经营单位编码	面积（公顷）	经营分类			
金沙县	安洛乡	木杉戛村	高坡森林经营单位	522424160700302	1.9	用材林			
管理目标：	立地条件差，属于人工促进天然更新林、以栎类等阔叶林为主，阔叶林占70%，松等针叶林占30%，采取间伐措施。								

细班描述

海拔（米）：	1340	坡向：	南	坡度范围：	20°~29°	母岩：	砂页岩	土壤类型：	其他	土层厚度（厘米）：	10~30
生产潜力：	中	森林经营类型：	乔木	混交状态：	针阔混交	起源：	天然林	发育阶段：	中龄	年龄：	8~30
林冠盖度（%）：	60	更新情况(%)：	70	受损程度：	中等	受损类型：	中等			平均年龄：	20
相邻区域描述：											
东：	鲁开阳土	南：	唐加贵土	西：	唐文飞土		北：	唐开强土			

细班调查

树种	树高小于2米（株/公顷）	按径阶分类					总株数 D>4厘米	胸径（厘米）	平均树高（米）	蓄积（立方米/公顷）	目标树（株/公顷）	采伐木（株/公顷）
		1~4厘米	5~14厘米	15~24厘米	25~34厘米	>35厘米						
栎类	130	1050	800	0	0	0	800	8	6	12	0	0
马尾松	400	150	250	50	0	0	300	10	8	9	0	0
枫香	100	250	100	0	0	0	100	7	6	1	0	0
合计	630	1450	1150	50	0	0	1200	8.4	6.5	22	0	0

规划

年度	营林活动	面积（公顷）	保留木（株/公顷）	采伐木（株/公顷）	蓄积（立方米/公顷）	采伐总蓄积（立方米）	备注
2014	间伐1	1.9	165	300	7	13	在实施过程中注意保护弱势树种
2019	间伐1	1.5	135	300	7	10	在实施过程中注意保护弱势树种

实施

日期	措施	实施面积（公顷）	实施数量（株/公顷）	总采伐蓄积（立方米）	备注

附件3-2：林分调查表

中德合作贵州林业项目——监测调查表格

县	森林经营单位名称	小班编号		样地大小	日期	监测组
				100平方米		

样地号	树种	胸径 <5厘米	按径级保留木株数（厘米）				伐桩数		目标树
			5~14	15~24	25~34	>34	<20	>20	
1									
2									
2									
4									
5									
6									
7									
8									
9									
10									
总数									
株数/公顷= 总数/样地 数×100									

附件3-3：森林经营规划及实施质量的现场监测简明指南

一、所需文档与设备

1. 森林经营方案：森林经营方案得到了正式审批，是开展监测的前提条件，也是对规划的措施开展实施的前提条件。方案的审批日期必须记录到森林经营规划数据库中去。

2. 现场表格：对于所有报告为实施完成但尚未监测的小班，森林经营方案数据库可以在其林分记录表的基础上生成并打印监测外业表格。

3. 森林经营单位规划图：从森林经营方案文本复印出来的1：10000比例尺（黑白复印件），从森林经营数据库中打印的基础设施实施报表，包括规划图。

4. 必要的设备还包括GPS、尺子、便携式计算器、书写板。

二、现场监测程序

监测评价必须以充分的、有代表性的穿越踏查整个小班为基础。为了在林分内确定方位和客观选择样地，需要给 GPS 的航点确定一个易于识别的地物参照点（通常是在小班外或者小班边界上），同时激活 GPS 的导航功能。

整个监测评价应包括多个重要的评语，这些评语之后也应相应录入到监测数据中去。为方便之后的总体分析，各个评价参数应采用下列评价代码。

> +：针对"好–优秀"的情况
>
> 0：针对"可接受/没有什么影响"的情况
>
> –：针对"不行/不满意/不可接受"的情况

针对不适用于这些参数的特殊情况（如在抚育活动中选择了目标树），相关参数应空置不填。

三、对规划的评价参数

1. 小班勾绘：主要标准是根据主林层的类型和结构——小班内应采取相同的营林措施。

（1）在可能的情况下，是否把不同的营林措施分开了？

（2）小班的地形边界是否正确，小班大小是否合理（1~10 公顷）？

2. 小班描述：参数包括海拔、坡向、坡度、坡位、母岩、土壤类型、土层厚度、生产力级别。

（1）对这些参数的估计是否合理、可信和完整？

（2）小班的特征是否有重要的文字性描述？

3. 林分类型确定：参数包括森林经营类型、林分混交状态、起源、发育阶段、林龄、主林层的覆盖度（%）、下木盖度（%）、林分受损情况。

（1）所有参数是否都做了合适的估测，是否与小班的林分调查结果协调一致？

（2）对主林层发育阶段的判断是否合理？发育阶段基本上是按照以下径级划分的。

> 更新：树高<2 米
>
> 幼林：树高>2 米以及平均胸径<5 厘米
>
> 中龄林：平均胸径为 5~14 厘米
>
> 近熟林：平均胸径为 15~34 厘米
>
> 成熟林：平均胸径>35 厘米

4. 森林经营方案中的林分调查结果：应合理反映林分结构和林分组成，并能作为合理规划的基础。

（1）林分总体密度估计是否合理？

（2）主要树种是否已有提及？

（3）胸径分布情况的估计是否合理，是否与小班描述中的林分发育阶段相匹配？

规划所估计的偏离度在±20% 范围内均可容忍，但如果过于低估或者高估，应评价为

（-）。针对项目实施内容监测时需要考虑到的是，小班调查结果可能是几年前的，需要根据蓄积增长量和采伐活动进行修正。

5. 目标树的选择：在林分开始分化，那些树形优良、长势好的林木可以识别出来时，就应尽快开展目标树的选择。通常是在林木胸径大约 15 厘米、林分开展第 2 次间伐时进行（选择目标树）。目标树的选择是之后对间伐的实施质量进行评价时涉及的一个重要指标，因为一旦已经实施完采伐后，就不可能对采伐木本身的质量进行判断了。

（1）标记是否符合要求（在平视高度绕树干标记一个明显的红色圆环，并在树干基部标记一个圆点），是否标出了数量足够多的目标树（100~250 株/公顷）。

（2）从质量、长势、规则分布等方面，评价目标树的选择是否合理。

6. 规划的措施：应按照不同的林分类型与结构，规划不同的营林措施，并且该措施从营林角度来看，应当是必要的，或者至少是合理的。措施类型如下。

（1）栽植经济树种：在那些天然更新不可能实现的林窗地段，栽植经济树种。栽植密度为 2500 株/公顷，成活率最低必须达到 85%。

（2）栽植生态价值树种：同上，其中至少 30% 是有价值的乡土树种。

（3）人工促进天然更新：采取人为措施促进树高<2 米的天然更新，另外还包括严格保护和抚育（应与抚育结合实施）。

（4）抚育：适用于平均胸径<5 厘米的幼林，通过选出那些低质的、不需要的林木，保留林分的密度为大约 2500 株/公顷，扶持其生长。不清理灌木植被，不修枝，严格保护。

（5）间伐：中龄林最重要的营林措施（胸径 5~14 厘米），需及时按规定的强度实施。密度调节分 2 次完成，分别达到 1700 株/公顷（平均胸径为 7 厘米）和 1200 株/公顷（平均胸径为 12 厘米）。项目对于采伐胸径<15 厘米的林木，每株采伐木补贴 3 元，因此这些林木的株数需要单独评估。

（6）间伐 2：在近熟林开展的间伐，应服务于保留林分的发展，尤其是通过伐除干扰木促进目标树的生长。林龄越大，采伐时越须谨慎小心；采伐过多将会给保留林分的蓄积增长造成损失。采伐那些填充林分下层的小树并不可取，因此，没有理由对这种林分内胸径<15 厘米的林木采伐发放补贴。

应遵照以下模式，调节林分的整体密度：

径级（厘米）	5~9	10~14	15~19	20~24	25~30	30~34
目标密度（株数/公顷）	1650	1200	900	700	550	450

（7）择伐收获：成熟林里的择伐，目标应是促进天然更新，进而促进林分未来的发育。主伐应当遵循天然更新的进度，在 3~5 年内将成熟林木伐除。

（8）林分改造：矮林改造要么是改造为混乔矮林（有单株萌生树和天然发育的实生树苗），要么改造为乔林（完全阻止矮林的发育，栽植时只保留实生苗）。

（9）自然恢复：用于严重退化的林分，在该林地上应有天然更新的潜力，通过严格保护，杜绝放牧和用火，禁止采伐和收集薪柴。

（10）规划面积：如果实施面积并非整个小班的面积，需要在此注明实施面积占小班面积的比例。以下数据项均针对实施面积。

（11）目标密度：表示间伐实施区域内的平均目标密度。

（12）采伐株数/公顷：根据林分的实际密度和目标密度，在规划中明确需要采伐的株数。该数据至关重要，需要特别谨慎小心给予评估！

为了预测小班内胸径<15厘米的采伐木有多少株，在规划时，应把间伐1和间伐2分开，即按实施面积比例和间伐强度，将这两种措施做一个理论上的区分。

（13）采伐蓄积：根据采伐类型和采伐强度，由数据库计算的采伐量估算值。此数值仅具指标作用，对于申请采伐指标并不适用。

根据以下参数，评价规划是否符合林分情况：一是规划的营林措施是否符合营林指南的要求；二是规划的实施年度是否与营林需要的紧迫性和工作量在各年度的分配情况相一致；三是规划的强度是否与林分结构和营林指南的要求相一致；四是规划说明的质量如何？

四、对实施的评价参数

1. 需要严格检查实施报告。

（1）实施日期：表示该措施的完成时间。自然恢复的实施时间，应填写为森林经营方案的审批日期。

（2）措施类型：表示所选择实施的措施类型。对于间伐1和间伐2，可以将二者合并为一类，只填写占主导的间伐类型。

（3）作业面积：表示实施面积（公顷），作业面积可小于小班面积。

（4）胸径<15厘米的株数：胸径小于15厘米的采伐木总株数。该数据将被用于计算补贴金额。

（5）总株数：包括所有径级的采伐木总株数。此数据将被用于评估所实施间伐工作量和采伐强度，并与规划的数量和林分调查数据进行比较。

（6）总蓄积：采伐的总蓄积，基本上无法把关。如果间伐是100%按照测径清单中记录的采伐木实施的话，上述3个值可以从数据库生成的采伐申请表中获得。但是实际上通常都需要检查该实施报告是否符合现场真正的实施情况。

2. 不同作业类型的监测程序和标准如下。

（1）栽植：只有等到一个完整的生长季之后，才开始监测。需评估栽植面积、合格苗木的数量，合格苗木数量必须>2125株/公顷。补植生态价值树种时，其中至少有30%属于有价值的乡土树种。

（2）抚育、人工促进天然更新：评估实施的抚育面积。必须有明显的抚育痕迹，除去无用林木之后，应分布有大约2500株/公顷的优质幼树。

（3）间伐1和间伐2：通过设置样地，评估各径级（胸径<15厘米和>15厘米）的保留木株数,本次间伐形成的伐桩数(地径<20厘米和>20厘米)以及标记的目标树数量。必须仔细观察保留林分的构成情况以及采伐木的构成情况:所有标记的采伐木都被采伐了吗?主要是大径材被伐走了吗?是否有采伐无关紧要的小树的情况?是否标记了目标树,并伐走了干扰木?现有林分密度是否符合目标密度的要求?

(4)林分改造:与抚育评估方法类似。

(5)自然恢复:在实施2~3年以后开始监测,从而可以评估这期间的天然更新质量,以及观察封山的履行情况。如果违反了模型规定,应确定该自然恢复不合格。

针对栽植和间伐1、间伐2活动,必须设置样地。对于栽植,需要评估每公顷的合格苗木数量;对于间伐,需要分别评估胸径大于和小于15厘米的采伐木株数,地径分别大于和小于20厘米的(来自于项目组织的该次采伐的)伐桩数量,以及标记的目标树数量。每个小班至少需要设置5个样地,在小班内沿一条有代表性的路线系统分布,通过GPS导航确定(如每隔50米)。还需要观察的是,是否抽样的平均结果足够代表小班的平均状况。否则,样地数量需要增加。样地为半径5.64米、面积100平方米的圆形。在对小班进行全面检查后,可以对相关参数的质量进行评估。

实施是否符合规划?与规划中陈述的措施、面积、数量(公顷)进行比较,同时也要检查规划本身是否有明显错误。

林分质量改善了吗?是否明显低于或者高于本发育阶段的最优密度;那些树形优良充满活力的林木以及促进混交的林木是否通过采伐干扰木得到了促进。

实施质量、破坏情况?评估伐木质量。如果在伐倒时(保留木压弯、压断或者受损)以及采伐集材过程中(保留木树皮破坏、造成土壤流失风险)造成了明显破坏,评价为(-)。

维护/保护情况?评价其他类型的破坏,包括火灾、放牧、农业活动的侵扰。特别要注意的是,陈述是否有明显的规划外的、无序的采伐。如果保护情况不尽如人意,评价为(-)。

对实施质量的备注:对上述评价进行解释。

五、监测结果

1. 监测者需要清楚阐明,他对措施实施的评价和认可情况如何:

(1)措施类型

(2)实施面积

(3)胸径<15厘米的采伐木株数

(4)采伐总株数

2. 对基础设施的监测参照下表:

基础设施类型	宽度/规模	实施规定
狭窄的临时步道	0.6 米	清除林木和灌木以及部分腐殖质 大致整平地表（特别是石头）
交通便道（适合运货马车和手推车通过）	1.2~1.5 米	清除林木和灌木 整平地下（主要是石头）
补给线	2~3 米	清除林木和灌木 用装载机或平土机整平地面 路下安装通水设施
贮木场	200 平方米	清除林木和灌木

　　森林经营单位的基础设施规划及实施报告能够在森林经营规划数据库中取得。为便于评估，必须在监测外业表格中陈述实际实施的不同基建类型的长度（米），以及是否履行了上述实施规定。监测通过的数量也需要相应填入到森林经营单位数据界面的表格内。为了方便评估，实际的实施情况还应当在实施地图中得到反映。

第四章
参与式林业工作方法

第一节／参与式方法

一、关于参与

1. 什么是参与？参与的意思是所有相关的个人能够作为决策者完全参与到可持续森林经营活动的过程中，并承担责任。每个农户（村庄里有林权的农户）都有机会、责任和权利参与决策，他（她）们自己可以决定是否愿意参与项目。如果参加，农户们将进一步参与到针对其森林的经营和利用的决策中。农户们通过讨论达成一致，然后共同做出决策。决策将包含各利益相关者的意愿和观点。然而，决策必须符合国家及地方关于森林经营的法律、法规和条例。此外，如果农户希望加入中德财政合作贵州省森林可持续经营项目，他们的决策必须符合本项目的规定。

参与并不意味着技术人员和领导者的职责是说服农户参与到项目中来。然而，参与也并不意味着农户的所有意愿都能够并且理应得到满足。在讨论和相互理解的过程中，必须寻求一致意见。在对其森林的经营做出任何决定之前，农户们需要对项目的内容及其意义完全知情。因此，如果某人决定他（她）们要参与项目所主张的森林可持续经营活动，他（她）应该能够在项目所提供的信息的基础上，与其他农户一起，决定要做什么，以哪种方法来做。

2. 为什么项目需要采用参与式方法？近年来，政府在强调群众，特别是农村地区，参与到决策中的重要性。在各个不同规划项目中，如新农村建设、退耕还林工程以及集体林权制度改革，都对该方法做了着重强调。在中德财政合作贵州省森林可持续经营项目中有必要采用参与式方法。首先，当地社区是在自愿的基础上参与到项目中来的，因此，农户需要对项目理念、活动和规定有清楚了解。在充分认识的基础上，他们能够决定是否与项目合作，他们希望如何经营其森林（他们是否同意建议的森林经营方案），并在营林活动的实施中负起责任。

参与式规划有助于：一是从项目一开始就向农户通告信息、发动他们，并使其负起责任；二是为每个森林经营单位确定一个共同的、长期的森林经营目标，并选定能够为农户采纳的、合适的营林措施；三是为社区确定最适合的、符合群众意愿的森林经营组织；四是及时发现、避免和解决可能会限制或危及到项目成功实施的潜在冲突；五是避免森林的非法利用；六是保护森林。

其次，农户与林业技术人员的文化教育背景和目标并不总是相同，即使在农户之间，其文化教育背景也不尽相同，同时，他们归属于不同的社会经济群体（企业老板、纯农民、在外面上班的人等），他们持有林权的目的也可能不同。所有这些人都可能参与到项目中来，他们之间需要通过沟通实现相互理解。

二、利益相关者和他们的角色

保证参与式规划成功的前提是了解所有参与人的角色以及他们在规划过程中可以做出的贡献。中德合作林业项目决定参与的框架条件，只能在此框架内规划和实施项目活动，因此必须遵照项目的技术标准和资助条件。

1. 项目技术人员为农户提供协助。项目技术人员接受过参与式方法培训，负责项目的规划和实施。他们既可以是县级的，也可以是乡级的工作人员。

2. 项目技术人员的作用。一是向村民介绍项目的技术和财政框架，让村民清楚自己的权利和义务；二是分析现状（限制因素和发展潜力）并提出解决问题的建议；三是指导农户们选择他们希望实施的森林经营活动；四是引导森林经营单位的创建；五是指导农户解决矛盾和冲突；六是提供技术指导。

技术人员将从项目提供的设备和培训中直接受益，同时他们还将从成功的森林可持续经营活动中间接受益。他们拥有了业务和管理方面的知识技能，可以指导和促进项目的规划和实施过程。

3. 农户是主要决策者。如果他们决定与项目合作，他们将从项目提供的森林经营和保护活动中以及林产品方面直接获益。他们致力于成立森林经营单位并最终在项目中贡献时间和劳动力。通过森林经营单位，对自己的森林进行可持续的经营，并实现项目期望的标准。农户通常对于自己的小地块上的立地条件很清楚，并且了解自身的社会经济潜力和局限。这些知识将在森林经营单位的创建以及森林经营方案的制定中发挥作用。

4. 县、乡镇和村领导提供后勤和行政方面的支持。县、乡和村领导支持项目的实施非常重要。只有把项目的内容正确地告诉他们，使他们对项目有比较深刻的了解，他们才能够对项目人员给予恰当的支持：虽然有数量和速度方面的压力，但压力并不太重；留给技术人员足够的时间，并提供必要的经费和管理手段。他们应理解，中德财政合作贵州省森林可持续经营项目在中国的可持续森林经营方面是一个探索性的、致力于创造性方法的项目，这需要时间和灵活性，项目更注重的是质量而不是数量。他们在项目能否成功方面扮演着极其重要的角色，但是他们的角色更多是在幕后。他们原则上不要参加在村里开展的工作，只是在绝对需要时才参加，因为他们的在场会让村民感到压力并妨碍参与式规划过程的进行。

参与式规划培训。参与式规划不能完全从书本上或课堂上学习到，而是主要来自于实践经验。因此，参与式方法培训采取的是"在岗培训"，这意味着学习并不是随着培训班的结束而结束，而是将会持续几个月。在简短的理论知识介绍和准备以后，参加培训的人员将积极地承担任务和"从实践中学习"。培训人员的主要作用是指导和帮助参加培训人员并提供反馈意见。最先接受培训的目标群体是乡镇和县里的技术人员，他们将在项目过程中负责参与式方法的实施监督工作。

三、参与式方法的一些要素和工具

参与式方法没有严格的一定之规，但是一组工具或手段的使用可以有效地促进目标群体的真正参与，以及决策和规划获得全体农户的支持。应当针对不同自然村的不同情况，灵活运用参与式工具，同时，要求技术人员要有高度的敏感性和创造性，这些只有通过实践才能实现。

参与式规划的主要内容是沟通，即：信息、观点、经验和方法在项目技术人员和农户之间以及自然村的所有农户之间的密切交流。因此，大多数参与式活动的目的是动员、激励、引导和记录小组讨论的结果。下面是参与式工具举例，可以在参与式过程中用到。

1. 村民集体讨论和村民会议。农户们和技术人员将一起进行多次讨论，但是，不要忘记农户内部的讨论更加重要，因为他们需要就森林经营单位的创建达成理解和一致的意见。他们将自己做出决策，并在项目结束后继续以这种组织形式经营自己的森林。应告知所有的农户（经常包括村庄内所有的农户以及一些外来人员）关于项目的信息。不同民族、不同的社会经济群体的男女老少，无论小户还是大户，都需要参加会议，互相聆听和沟通意见。此外，项目技术人员需要了解共有几种意见和主张，听取人们对于项目各式各样的理解和观点。

2. 与关键信息人讨论。关键信息人是村里具有一定经验和知识的人，他们可能是知晓本村历史的老年人或熟悉村里大多数人家的教师，从他们那里可以获得关于本村较全面的信息。

3. 群体访谈或小组访谈。是指对某一内容与一组经挑选的人进行访谈，例如，只对妇女进行访谈或召开妇女小组会是非常有用的，因为妇女在与男同志一起时通常不愿意表达她们的观点，但是对于村庄目前的现状，对于家庭、孩子和村庄的未来，她们都有自己的看法。

4. 视觉协助（挂图）。把需要让村民了解的项目主要信息抄写在大张纸上，开完村民会议后可以把"挂图"带走，如果保护的好，可以在不同的自然村宣传时重复使用。耐用的"挂图"复印件将留在村民组里，可以张贴在公众场合的墙上或放在村领导、村民组组长或其他大家信任的人家里。

（1）视觉化的信息吸引并聚集大家的注意力。

（2）人们更容易记住视觉化的信息。

（3）挂图可在其他所有村民组重复使用。

（4）视觉化的要点元素防止你忘记某个议题。

（5）制作挂图的过程可以帮助你梳理想要告知农户的信息内容。

5. 现地观察。直接观察是一个很好的收集信息的办法。技术人员可以在经过该地块时顺便观察或专门到该地块去一次，以便了解第一手的情况和活动信息。直接观察的目标是：对相关的外业情况或社会条件进行定性或定量的评估，并且对利用其他工具采集到的信息进行复核。

直接观察尤其重要，如果当地的人们提供的信息与观察到的情况不符时，可能发生误解。如果村民没有完全理解我们的问题，他们的回答与实际观察到的结果会有差异。造成误解的原因可能是问问题的时候用词不准确，太复杂或太笼统。将直接观察到的结果与通过其他渠道采集的信息（农户访谈、群体访谈、会议等）进行对比后，可以额外问一些问题，以便弥补其中的差距，促进对当地情况的了解。直接观察也可以减少需要向农户提出的问题数量。

第二节／工作程序

参与式森林经营规划的过程与其有形产出至少同等重要，因为它决定了规划的质量及项目实施的成效。

参与式森林经营规划工作包括下列 9 个步骤（表 4-1）：

表 4-1　参与式森林经营规划工作步骤

序号	步骤	序号	步骤
1	创建参与式工作组	6	创建森林经营委员会
2	选择适合的项目村组	7	制定参与式森林经营方案
3	信息传播	8	成立森林经营单位
4	分析社区的森林现状	9	森林经营方案的实施及项目监测验收
5	明确森林经营单位的范围		

各步骤的详细工作流程和注意事项叙述如下。

第一步：创建参与式工作组

为确保项目参与式森林经营工作的顺利开展，各县区应成立专门的工作组。工作组至少包括 2 名接受过培训的技术人员。要求：一是林业技术人员接受可持续森林经营以及其他相关技术方面的实用性培训；二是林业技术人员接受过参与式方法步骤的培训，或在规划过程中边做边培训；三是负责规划实施的乡镇技术员持续得到县项目办和省、市项目办的支持，包括工作经费和后勤保障。期间至少 3 个月（可分段或一次性完成），其中包括为期至少 1 个月的信息宣传阶段。在整个项目期内，对规划和森林经营活动进行跟踪。

入村开展参与式工作之前，工作组需要准备下列工具和材料：

1. A4 规格的项目传单，用于在村组内发放（保证每户 1 份）

2. 布质或塑料材质的项目挂图，用于在村民组内悬挂

3. 项目申请表

4. A4 规格的村组信息表

5. 森林经营委员会与项目之间关于可持续森林经营的空白合同文本，以及森林经营单位与项目之间签署的合同附录

6. 涵盖村组区域的 1：10000 地形图，包括农户的宗地界限

7. 农户宗地清单（林改数据）供参考

8. 足够的大纸，用于协助村民讨论

9. 2~3 个颜色的大号记号笔

10. 大头针

11. 胶带

12. 铅笔

13. 橡皮

第二步：选择适合的项目村组

中德财政合作贵州省森林可持续经营项目在森林的可持续经营方面是一个探索性项目，由于每个县区都有上百个村，并且大部分都有森林资源，所以需要制定一个项目村组的选择程序。选择项目村组的标准如下：一是主要森林类型为乔木林（只有萌生林的村组不能选）；二是一个森林经营单位的森林资源总面积不应该太小，优先考虑达到 60 公顷（900 亩）以上的村组（在合理的情况下，小一点的森林经营单位也可以考虑接受，但一个森林经营单位的森林面积最小应该高于 30 公顷或 450 亩）；三是到达林区的交通情况不能太困难（从林区到最近的可供大卡车通过的道路距离应小于 500 米）；四是村组内不应存在林地权属的冲突或争端；五是农户应已表达了他们与本项目的合作兴趣。

1. 选择试点村。在试点期，项目将在非常有限的范围内开展。为了能够总结实践经验，并向其他地方外延和推广，试点村的选择必须具有典型性。这就意味着，试点村组应该在如下方面具有广泛的代表性：一是森林类型；二是立地条件（地形、土壤、气候）；三是土地权属，包含很多小林农的、大户承包的、大小户混合型的、分股不分山的联户组等；四是社会经济条件（如：外出打工多的、外出打工少的、有其他收入类型的、不同民族的等）。在森林类型、权属、立地和社会经济条件方面，它们应当代表最常见的情形。

选择试点村时，每个项目办找出并描述在上述方面的典型情况，以便能够说明选择的试点村是否有代表性。

2. 推广期的项目村组选择：选择过程应有记录，做到透明和清晰易懂，即使是外人看来也不例外。每个县项目办找出符合上述 4 条选择标准的有资格参与项目的村组。所有与这些标准相关的必要信息在各县林业局都能找到，或者通过文档和图纸（如：林相图、二调结果、林改结果），或者通过职工的经验和对外业的了解。选列出可能适合的村组清单（表 4-2），包括针对各条标准的简要描述，以及按如下方法进行评价打分。

表 4-2　项目村民组选择表

	村名 1		村名 2	
	描述	评价（+O-）	描述	评价（+O-）
1. 主要森林类型				
2. 森林资源面积				
3. 林地权属冲突或争端				
4. 交通情况				
5. 农户已表露的参与兴趣				
已接受				
已否定				
接受或否定的原因				

+	理想	完全符合项目标准
O	可接受	基本符合项目标准
-	不能接受	项目无法与之合作

各预选村按照选择标准第 1~5 条的内容进行评分。每一年度，选择本表中得分最高的村开展参与式规划。县项目办将与乡镇政府以及村联系，告知其项目相关信息。

3. 告知乡镇项目信息并确认其是否支持

为了能够开展规划，乡镇林业站和县项目办的技术人员得到乡镇政府及其相关部门的支持很重要。乡镇一级的所有关键人物都应该被告知中德财政合作贵州省森林可持续经营项目的内容，以及在本乡镇计划开展的活动。必须指出的是中德财政合作贵州省森林可持续经营项目将会产生重要的长期影响。林业技术人员应该核实：乡镇政府、村领导或其他乡镇部门的代表们支持项目，并且确认森林经营活动与他们的计划或项目并不存在冲突。

第三步：信息传播

1. 村组代表会。行政村的村民代表们的（或其他任何有公信力的村民）积极参与和支持，对于项目的顺利实施至关重要。首先，只有在他们确认他们对项目感兴趣后，项目才能在该村开展活动。其次，项目人员无法在他们不参与的情况下开展项目活动。他们和村民代表们将在规划过程的初期发挥主持人的作用，尤其是通过组织会议把项目信息介绍给村民们，并充当其他村民和农户的信息人。因此，组织并召开一个村组代表会，以确保领导和村民代表们对项目获得一个正确的理解，并确认该村是否支持项目非常重要。

村组代表会的重点内容是工作组向村组代表们介绍项目，包括：项目目标、活动内容、补贴标准、项目规划和实施流程等。在此过程中，可以使用挂图作为视觉支持。其中包括了8张项目挂图。

–挂图1：项目简介
–挂图2：什么是森林可持续经营？
–挂图3：森林中开展哪些经营活动？
–挂图4：为什么要成立森林经营单位？
–挂图5：成立什么样的森林经营单位？
–挂图6：什么是参与式森林经营？
–挂图7：可能的森林经营单位组织形式
–挂图8：项目合同模板

利用挂图介绍项目时，应经常停下来确认一下代表们是否在注意听，是否理解了你说的内容。观察代表们的反应，回答他们的问题。代表们不需要了解挂图2和挂图3的技术细节，只需要理解其原则即可。

在确认村民代表们已经全面了解了项目信息之后，鼓励村民代表们自由讨论和内部交流，然后请代表们表达他们的参与意愿——是否愿意跟项目合作。在得到肯定答复的基础上，工作组向村里移交项目传单和挂图，并与村民代表们约定后续的工作步骤和时间安排。

假定通过确认一个村组或社区是否对项目感兴趣，可以认为它在事实上也满足下面两个条件：一是该村组的管理层有足够的行政和管理能力；二是该村组的群众和干部坚持项目的开放式和参与式的方法原则。如果经确认该社区对项目不感兴趣，它将不会参与项目，而我们将联系其他村组。

2. 通过村民代表们传递项目基本信息

村组代表会后，项目宣传挂图应在村组内公共场所的墙上悬挂张贴，传单则由代表们发放给各村民组中的村民。项目传单应尽量使用通俗易懂的语言（而不是技术性语言），并做到言简意赅。

应该给人们充足的时间熟悉项目理念，并表现出他们是否有兴趣。从村组初次接触项目信息，到"兴趣组"决定是否准备提交项目申请，中间至少要留一个月的时间。

在这一阶段，我们向村民们提供了完整的项目信息，主持了开放式讨论，听取了他们的意见，回答了他们的问题，理解了他们的局限和意愿。尽管村领导和村民代表已经向大家分发了项目传单，但再次向大家陈述并讨论项目信息以确保一个良好的理解仍很重要，为此，需要召开村民组层面的群众会议。

村民组会议。邀请村民们参加这次项目信息介绍及讨论会。各类农户都应出席，以便能够收集到不同的观点：小林农、大户，以及通过分地、拍卖或其他形式获得林权的各类人群。所有的农户均应有代表出席，因为会上将介绍项目信息并且农户在其后将要决定他们是否跟项目合作。会议热诚欢迎妇女积极参加讨论。

　　作为项目与村民直接接触的第一步，村民组会议开得是否成功直接影响到项目在该社区的规划质量甚至是实施质量。以往的经验以及本项目在试点规划中的实践表明，控制好村民组会议的规模对于会议的质量十分关键。会议规模过大的弊端：一是农户无法看清项目挂图，从而无法充分理解项目；二是技术员无法与农户进行互动，无从了解农户的问题和想法；三是找不到适合的场地，如果在夏天的太阳下召开露天会议，将很难保持农户的兴趣和注意力；四是会议的目标群体太大时，往往到会的人数比例会显著减少，而只针对少数人进行项目宣传已经意味着会议是不成功的。

　　一次合格的村民组大会的出席人数不应低于村民组常住农户数的60%。因此，原则上应该在每个村民组单独召开会议。考虑到县项目办及乡镇林业站人手和时间有限，一个可行的做法是：村民代表会由工作组主持召开，而村民组层面的会议则由村委会主持召开。为此，工作组需要培训村领导和村民代表们。培训内容一方面是参与式方法和工具，以便更好地与农户沟通；另一方面是项目信息，以便更好地回答村民的问题。技术员需要与村领导保持沟通交流，以便随时回答和澄清问题。

　　一定要选好开会的地点，空间应当足够大，光线充足，能够看得到挂图上的字，并有许多板凳。学校或平常开会的地方应当是首选，因为这里是"中立地点"。不要使用高音喇叭，这样可以直接跟群众进行交流，也不要摆主席台以避免与村民产生隔阂。技术人员在使用挂图介绍项目时，应注意将时间控制在1~1.5小时之间。根据试点规划的经验，如果时间过短则无法将挂图内容讲透；而时间过长的话农户将无法集中注意力，并且会失去耐心。信息的提供应采用不同的工具组合，第一次村民大会上的介绍并不一定能让农户完全、充分地理解项目，并在此基础上决定是否参加，因此需要在会议结束时向农户发放《农户手册》，以方便巩固其记忆和加深理解。

第四步：分析社区森林现状

　　在各村民组召开村民会议的同时，技术人员应同时在村组代表们的协助下，进行开放式访谈和关键信息人访谈，以便提供更多的更深层的信息，进行村组现状分析。分析社区的森林现状需要技术员花费至少两天时间。这个步骤中，项目技术员和农户们一起理解并清楚地掌握：森林的历史、森林的实际利用和经营情况、林权、历史情况以及林改结果、在森林经营方面存在的主要社会经济潜力和局限等。

　　分析社区森林现状的同时，应填写村民组信息表。村民组信息表作为一个工具，可用来记录村民组的相关信息。它应该能够描绘村庄现状，其中尤其应关注需要解决的局限和森林的潜力。在信息表中，技术人员在留空处记录所有的重要话题、信息、数据及备注。在后面一些环节的讨论中，如制定森林经营方案时，技术人员和森林经营委员会的代表们可以继续使用该信息表。

　　应通过不同方法采集项目信息。为了确认村庄森林的实际现状（森林类型、利用、相关的社会经济情况），技术人员需要创造性地选择自己认为适合的参与式工具和方法：农户访谈、关键信息人访谈、访谈与会议、技术人员自己的重要观察、农户之间非正式的讨论、现地踏查等。没有必要做很多笔记，但是需要在信息表上记录关键的信息。对于可持续森林经营来说，采集准确的社会经济信息并不太重要，重要的是理解村民组的现状。试点村的规划实践表明，访谈（关键信息人、村组领导、农户、妇女小组长）对于进一步宣传项目、了解村民社会经济及森林的历史及现状、村民间的合作意愿、可能影响到项目实施的潜在矛盾及冲突等方面非常重要。每个行政村农户访谈的总数不应低于 10 户。访谈应包括各种类型，并能够代表各类农户（大中小）、各种家庭经济状况（上中下）、不同民族、不同家族等方面的整体情况。

村组代表会和村民组会议过程中的讨论内容也可以被用来采集关于村庄现状的信息，因为在讨论中包含了不同的观点和评论。给农户们以机会解释他们自身的情况，以及目前对他们来说很重要的问题。技术人员应该对社区和农户们的关注点、看法有一个整体印象：村民是如何相互交流的？是否有一个或几个人主导了讨论？或者大家的机会平等？农户感觉他们是一体的，还是又细分了群体？认清农户之间的关系，以便在后面协助他们选择最适合其情况的森林经营单位组织形式。讨论本村民组或隔壁村组此前的森林经营经验，并与本项目的方案进行比较。

在村民组内工作的时候，通过讨论和访谈，核实农户们参与项目的能力和意愿。是否存在完全不同的观点、矛盾，或者冲突，或者兴趣？项目人员和农户对村民组的不同区域进行林区踏查，通过现场观察和讨论，可以发现与访谈和会议时了解到的情况不一致的地方，同时，还可以在现场了解讨论这些差异，以便获得更深层的理解。在访谈和会议期间，农户可能会说他们没有从森林中获取任何木材。但是在林区踏查时，我们可能会观察到堆放的原木或近期砍树的痕迹。这提供了一个机会，让我们能够与农户沟通，并坦诚地讨论当前的情况，这种讨论也只有在双方互相信任的基础上才能实现。在项目实施期间，项目会遇到同类的问题，即"合法的"或符合该森林的功能分类的利用，与实际的利用之间的矛盾或冲突。我们的目标是找出这些互相矛盾的地方，并在森林经营方案中提出解决办法。

第五步：明确森林经营单位的范围

村民组层面的会议能够保证所有的农户知道并理解了项目，农户在此基础上可以内部讨论并做出决策。在这一阶段，农户应该重点关注如下问题：我们村民组是否参加项目？村民之间能否共享相同的经营目标？我们是否打算与其他村民组互相合作？能否有效合作？

每个村民组在明确是否愿意参加项目之后，应通知村委会/工作组，并就是否愿意与其他村民组合作发表意见。所有村民组的参与意愿明确之后，工作组、村委会和村民代表们开会讨论，确定本村成立几个森林经营单位。项目的森林经营单位既可以由一个村民组构成，也可以是几个村民组的联合，也可以是一个行政村。

第六步：成立森林经营委员会

由于森林经营单位的成立和注册可能需要时间，项目应引入一个机制，先成立一个代表农户们的过渡性组织，称为"森林经营委员会"。这需要村组代表们和农户们内部进行讨论。一旦森林经营单位的范围明确后，工作组入村工作，并向大家解释为什么要成立一个森林经营委员会，它的角色和任务是什么。

每个森林经营单位应通过选举产生 3~7 位森林经营委员会代表（代表人数视经营单位的规模而定）。选举可以是海选，可以是差额选举，也可以其他的合理形式，具体的方式由大家决定，但选举过程必须充分透明。不同的村组由于社会经济、社区分布、人际关系、家族和民族构成等方面的情况不同，采用的选举方式也可能不同。

委员会代表们产生后，县项目办向其提供参与式森林经营合同，详细解释合同内容并与之讨论。委员会负责组织和主持社区内部讨论，在合同签字之前向农户们详细解释合同细节。本阶段，技术人员的角色是确保森林经营委员会以及农户们深入理解合同的细节。

第七步：制定参与式森林经营方案

森林经营方案将由充分培训过的林业人员，在森林经营委员会代表们的参与下制定，《森林经营规划编制指南》详细描述了制定的具体过程，包括基于营林指南的营林措施。以上所有活动均采用参与式的方式，在项目技术人员和森林经营委员会代表们的密切合作下进行。必要时，委员会代表们将陪同技术人员进入林区踏察，为其提供所需的信息，并应要求不时向农户汇报。如果农户不同意森林经营方案，争议双方应充分讨论，以便达成一致意见。如果达不成一致，双方的合作应就此结束。

森林经营方案必须获得森林经营委员会的认可，方可报送县林业局审批。

第八步：成立森林经营单位

由于村组社区已经决定与项目合作，成立了一个过渡性组织"森林经营委员会"。创建这样一个组织的目的是留出充足的时间给农户们，方便其在开展项目活动的同时，建立森林经营单位。项目将协助农户们选择最合适的森林经营单位组织形式，制订适合其目的和需要的机构章程。在不同的社区，农户们建立自己的森林经营单位时所需要的时间很可能有差异。一些地方可能很快能达成一致的意见并注册自己的森林经营单位，而另一些地方需要更多时间，进一步的交流关于组织形式方面的选项信息，以便就创建哪种经营单位进行决策。森林经营单位的注册过程本身可能也很费时。

在森林经营方案制定后，农户们已经能够决定什么样的组织形式最适合他们。他们对不同林分的现状和将来的经营利用达成了共同的理解；每个农户也都有机会对自己的山头地块，以及相关的问题、潜力和未来的经营方向进行仔细考虑。同时，在这一过程中，村民们对自己和他人的家庭状况，包括实施项目的能力和局限，以及将来进行森林经营的意愿、能力和局限等方面进行了评估。并且，通过农户之间各种形式的内部交流，对于经营单位应该采用什么样的管理模式，已经形成了一定的倾向性意见。然而，由于缺乏相关经验和可供借鉴的实例，村民们对于他们达成的具体意见和倾向性方案是否符合项目政策以及森林经营单位具体应如何运作和管理，采用什么样的机制保障村民得到项目提供的补助和森林经营活动的收益等方面，可能会有一些困惑和不解。因此，项目有必要召开一次村民大会，向村民们提供进一步的信息，为其提供决策参考。

1. 第一次经营单位创建会议。工作组与森林经营委员会代表们以及社区成员约定会议时间，会议要求大家尽量参加。会议的议程大致包括以下方面。

（1）总结回顾前一段时间的规划过程和成果。

（2）介绍本次会议的目的和议程。

（3）介绍可能的森林经营单位组织形式（挂图6），并推荐一种组织形式以及章程草案。

（4）确认与会人员是否听懂，收集反馈，解答疑问。

（5）介绍成立和运行森林经营单位必须具备的要素（组织章程及其内容要求、管理机构、财务制度、不同类型组织的注册要求等）。

（6）通过展示讨论提纲（挂图），布置社区的内部讨论任务：

——谁与谁在森林经营中合作？

——选择哪种管理模式？联户？承包？股份制？个人？其他？后面的讨论内容应与该管理模式相对应

——森林经营单位成立的目的和宗旨

——森林经营的长期目标

——资本构成方案及成员加入条件

——成员的权利和义务

——办公处所

——是否注册

——机构设置（管理人员和监督人员的职能、组成、产生办法、任免条件）

——森林经营收益分配制度（包括项目补助的分配办法）

——财务管理制度

——决策权和决策机制

——议事召集程序

——成员退出机制

——其他相关方面

村组内部讨论程序应由经营委员会代表在组长及村民代表的协助下召集和主持，必要时可联系工作组寻求指导和协助。方法是，通过召开正式的会议进行讨论以及非正式的小组磋商，广泛收集村民意见并按照讨论提纲中各个方面对拟建立的森林经营单位进行初步的书面总结，该书面总结内容上不要求规范，但应涵盖提纲中的所有要点。该书面总结将提交到第二次会议上进行讨论。

社区内部讨论过程可能需要很长时间，原因是社区的森林面积、林分状况、权属分布、林业经营历史、社会组成等方面情况不同，可能采取的管理模式不同，所需的讨论时间也不同。另一方面，村民是否处于农闲期间也至关重要。但一般情况下，讨论期间不应低于两周，并且一个月之内应有结果。

为什么要创建森林经营单位？其他国家的一些例子如下。

协助组织内的成员们（其中大多数是农民）经营他们的森林

挪威的林户协会包括本国的 43000 个成员。创建它的目的是帮助成员们进行森林经营，其活动范畴包括制定并执行森林经营方案、木材采伐以及与木材加工厂和造纸厂进行谈判。该协会是挪威的 13 个农业合作社之一，总部在奥斯陆，包括 366 个地方小组和 8 个区级组织。2005 年，该组织销售了国内 83% 的木材。该国第一个林户协会成立于 1903 年，其后许多组织纷纷效仿，相继成立。由于木材采伐的特殊性，该组织不是以某县区为单位，而是覆盖一个河道区域。1913 年，各区域组织整合为联合会，从而形成了一个全国性的组织。

实现林户的兴趣和意愿，协助林产品市场营销

芬兰林业管委会是一个林户成立的国家级政策机构。它在中央农、林业主联合会之下发挥职能。林业管委会通过提供木材市场和价格信息，影响林业政策，制定区域森林业主联合会以及地方森林经营协会的运行机制。区域性的森林业主联合会有 13 个，它们的目标是促进私有林业的发展，实现本区域内私人业主的兴趣和意愿，指导森林经营协会的运行。森林经营协会共有 158 个，它们的功能是协助森林业主进行森林经营、木材销售、营林和林分改造、提升森林业主的专业知识和技能。

缩减成本

南非的 Kwangwanase 小林主协会在采伐季节雇佣一辆卡车，以便减少成员们的成本。而包括 1400 个小林主成员的 Sakhokuhle 协会，成功地与承运方谈成了优惠的条件，以便小林主们在出售林产品时节约运输成本。

在乌干达，Kamusiime Memorial 乡村发展协会的成员们为了申请参加欧盟援助的锯材原木生产项目，将他们的土地联合起来以便达到项目要求的 25 公顷下限，并申请成功。

提高能力以适应不断改变的环境条件和需求

南非 Warburg 小林主协会把成员们联合起来，为成员们提供培训及信息研讨会，内容涵盖了小林主林业的所有内容。

Madhya Pradesh 小林业生产（交易和发展）合作有限联盟在博帕尔开设了一个零售终端（Sanjeevani），销售药用植物产品。他们在各个城区投入资金，开展了产品的干燥、分级、粉碎、包装等工艺，以提高产品价值。

印度拉贾斯坦邦手工业者同盟针对杰出的手工业者提供奖励。它每年召开一个年度研讨会以分享设计方案。它还召开家庭装修趋势方面的研究会。此外另一个重要的举措是，为了建立以出口为导向的销售单位，制定了视觉化的销售规划并明确了实施步骤。协会在研讨会上，向成员们解释如何促进新奇手工艺品的出口，并选出了带头人参加了欧洲交易会。

确保领导层能够一贯承担社会职责

通过召开例行选举赶走不称职的领导

例如，巴西的 MGATRGBER 协会已经经历了四届管理层。前两个不能为散布在各地的会员们提供预期的服务，第三个涉嫌进行木材和土地的非法交易，第四个卷入党派政治，令协会带有政府色彩。不出所料，会员们评价了他们的能力之后，选举出了新的管理层。

不爱计较报酬的成员往往能成为好领导

例如，乌干达的受访者们认为，除了读和写的能力之外，能否胜任领导工作的最重要的条件是其过往经验是否丰富。在很多财政状况不好的协会，领导们得到的报酬很少，但是他们为了给集体谋利益，用责任心弥补了报酬不足的问题。

协会怎样做到公正？

公正的程序

圭亚那林产品协会每月都要召集它的 12 个成员执行委员会开会，其中每个委员会法定人数不少于 6 人。此外还不定期召开其他各种类型的成员会议。

在南非，南非林业协会作为一个大型产业协会，其管理委员会主要由 5 个大业主成员、3 个中型业主成员以及两个小业主成员组成。大业主成员占的比重较大，所以协会会议中的议题总是被大业主的业务及利益主导。很自然地，在这种情况下，很多小业主协会纷纷应运而生。

2. 第二次经营单位创建会议

森林经营委员会代表们与成员们约定会议时间，并通知工作组。会议要求大家尽量参加。会议议程大致包括：

（1）经营委员会代表们回顾内部讨论程序的过程、参加人员以及主要的讨论成果。

（2）委员会代表按讨论提纲内容（挂图），逐条对拟建立的森林经营单位进行详细描述。

（3）解答村民代表们/村民们以及工作组提出的疑问。

（4）听取反馈意见，必要时可展开讨论。

（5）工作组对拟建立的森林经营单位进行快速评估：该组织是否满足项目的政策和要求。代表的选择方法以及他们的职责和任务是否清晰透明；成员权利和义务是否明晰；决策机制和受益分配是否公平公正；讨论内容在细节上是否已经能够支持组织章程的制定；该组织在项目实施中是否具备可操作性；项目期结束后该组织是否仍具有可持续性。

（6）向大会阐述评估意见，并提出建议：哪些方面需做出调整，哪些方面仍需详细讨论和完善。

（7）主持后面的讨论进程。如果大家内部分歧很大，耐心听取多方意见，分析原因并请委员会代表提出解决的建议供讨论。工作组一位成员应记录会议中的所有讨论要点，作为下一步制定组织章程草案的基础。

（8）安排组织章程草案的制定工作。章程草案应根据村组代表会讨论意见进行制定，由工作组人员主笔，由委员会代表进行协助。鉴于草案成稿后将进行公示，工作组在会上应根据工作量，与大家约定公示的时间和地点。

3. 对章程草案进行公示。拟定的章程草案应在行政村和村民组的中心地段进行公示。公示应持续至少 1 个月，其间村民可将其疑问、评价、建议或反对意见反馈给委员会代表。公示期结束后，县项目办再次入村，与委员会代表们一起回顾村民的反馈意见，必要时应对章程草案进行调整和完善。工作组同时应与经营委员会约定第三次会议的时间。

4. 第三次经营单位创建会议。本次会议的目的是陈述、讨论并通过章程草案，并在此基础上，开始组建森林经营单位并选举管理人员。会议议程大致包括：

（1）回顾前一阶段工作，重点介绍章程草案的制定过程及公示反馈情况。

（2）向村民代表们逐条介绍章程草案，重点是村民反馈意见较为集中的地方，确认大家对其内容的理解是否一致。

（3）进一步征求意见，如无意见则以举手表决的形式通过草案。

（4）组织选举森林经营单位的管理机构和监督机构成员。

（5）讨论下一步工作：以联户管理或个人管理成立的森林经营单位，可直接开展森林经营方案的编制工作；股份制管理的，讨论如何开展成员的山林入股工作。制定工作计划，确认哪些方面需要工作组的见证或协助。承包给他人经营的，讨论采用何种方式外包：承包人与农户分别签订单独的承包协议？还是先确定农户的合同份额，再统一与承包人签订一份总的协议？原则上，工作组应尊重社区内部的商讨结果，但如果发现有不切实际、不公平、不合理的地方，应及时澄清，必要时应进行干预。

5. 森林经营单位的注册。完成森林经营单位的组建后，县项目办应协助其开立账户。对于需要注册的经营单位，协助其进行机构注册。注册程序以及相关证书、材料的准备应按照不同类型组织机构的相关要求进行。

第九步：森林经营方案的实施及项目监测验收

在森林经营方案实施之前，森林经营单位已经开始创建，但是我们不必等到它完全建立再实施，甚至项目的监测验收工作也可以先期进行。在森林经营单位尚未完全投入运作之前，森林经营委员将继续扮演其过渡性角色，待森林经营单位正式成立和注册后，它将自然地接管委员会的工作任务。实际上，大多数的森林经营单位将在森林经营方案制定完毕并得到森林经营委员会的同意和批准之后才建立，原因是森林经营单位的章程制度和组织形式与森林经营方案中涉及哪些经营活动密切关联。但是森林经营单位的创建可能需要一些时间。成员们可能需要更多、更深入的讨论以便决定森林经营单位内部的规章、制度、职责；森林经营单位的注册过程可能耗时很长。但是，注册过程不应耽误森林经营方案的实施。然而，在森林经营方案开始实施之前，农户们已经就下列安排达成了一致：一是劳动力如何组织？二是项目补贴如何分配？三是林木产品如何分配？这样的安排可以避免后面的步骤中出现误解和争端，也有利于森林经营单位的顺利成立。

　　森林经营方案的实施由森林经营单位委员会负责。实施活动将按照方案的要求，在县项目办和乡镇技术人员的协助下开展。此外，经营单位和县项目办将对实施成效开展自查，每年两次。省级监测中心执行项目的监测检查，每年开展两次。森林经营单位的代表们将作为林主和顾问，参加验收过程。为此，他们需要熟知项目监测验收的程序及规定。监测中心将制定监测纪要，对监测结果及其影响作出清晰阐述。这些监测纪要需要监测中心、县项目办和森林经营委员会单位代表签字，以表明他们接受该监测检查及其监测结果。

第三节／宣传资料

　　项目宣传材料包括传单和挂图。传单用于向农户发放；挂图主要用于村组会议，可以协助工作组向村民代表/村民们介绍项目。

　　项目传单内容如下：

中德合作贵州林业项目农户宣传材料
我们为什么要宣传"中德合作贵州林业项目"？

农户朋友们，在了解项目之前，请先思考下面的问题：

1）你有自己的森林，但是长期以来一直是在保护，没有为你带来经济收入？

2）你希望自己的森林质量越来越好，并且持续不断地为你带来收益？

3）你知道森林要不断地经营才能变得越来越好，但一没政策，二不懂技术，森林经营无从下手？

4) 你担心自己的森林发生火灾、病虫害和被别人砍伐？

5) 你的森林中没有道路，树木采伐了也运不下来，你希望有人能帮助修建林区道路？

6) 你觉得个人办理木材采伐和运输手续很麻烦。希望简化手续，并降低相关税费？

7) 你明白个人的森林面积有限，要体现经济效益需要跟其他人联合经营，但是没有可靠的人带头，不知道该怎么做？

如果你面临上面的困难和问题，请关注下面的项目介绍。

"中德合作贵州林业项目"简介

一、"中德合作贵州林业项目"简称"中德林业项目"。它是一个由德国政府和中国政府无偿援助和扶持的林业项目，两国的资金各占一半。

二、项目的主要内容：通过间伐、择伐、抚育，保护阔叶树和有经济价值的树，以及提供必要的材料、工具和基础设施，让农户（有林的农户）的森林质量越来越好，病虫害减少，并持续不断地为你带来经济收益。

三、项目的实施方法：项目把村民组内的农户联合起来，统一成立一个森林经营组织。项目实施针对农户组织，不针对个人。

森林经营采用"近自然"林业的方法，一般没有大面积的人工造林，而是促进天然下种的幼苗生长。这种方式和人工造林相比，一是成本低，二是成活率高，三是树种类型多，四是森林的稳定性好。特殊情况下，会对林中空地和间伐后形成的空地进行小面积的人工造林。

四、参加项目有哪些好处：

1) 项目帮助农户建立自己的经营组织，以便对森林进行长期的、科学的经营管理；

2) 短期内，通过森林抚育和间伐，农户可以获得一定的木材销售收入；对于不赚钱的森林经营活动，项目提供劳务补贴；

3) 项目免费提供森林经营的知识和技能培训；

4) 项目免费提供种苗和工具，必要时也包括基础设施和设备；

5) 长期来看，通过采取科学的经营措施使森林的价值不断提高，能产生稳定的、更高的经济收入；

6) 集中办理木材经营和运输手续，并提供一定的林业政策优惠。

五、劳务补贴的标准：不同的森林类型、不同的经营措施，有不同的资金补贴标准。参加项目的规划会议能够详细了解。只要是按照项目的要求来对森林进行经营，项目将按标准给予补贴。

你们的决策和参与，决定你们森林的未来

项目马上要在相关村组召开规划会议，通过参加会议，你能进一步地了解项目的内容。

中德林业项目与过去有很大的不同，它采用的是"参与式森林经营方法"。农户参与项目规划和决策，专家和林业技术员只是提供帮助。项目首先会为农户提供相关的信息和知识，并充分了解农户的意愿。根据农户的意愿，林业技术人员和农户一起制定森林的经营方案，让农户真正做森林的主人。

因此，我们需要你们自己做出决定：是否参加项目？如果决定参加，需要向项目提出申请后，项目才能落在你们村民组。

此外，项目需要你们在下列方面发表意见：

成立什么样的经营组织？你跟其他农户之间怎样合作？

你们的组织选谁作带头人？

项目实施的劳动力怎么组织？你是否亲自参加项目劳动？劳务补贴怎样分配？

你们的森林确定什么样的经营目标？

总之，中德林业项目为你提供了一个改变自己森林的未来的机会，希望广大农户们关注项目，积极参与，把握好这次机会！

项目挂图包括7张，采用A0幅面的塑料喷绘材料制作，详细内容及排版方式如下：

挂图 1

中德合作贵州林业项目（中德林业项目）

中德林业项目是做什么的？

　　帮助林主们按照可持续的方式经营森林：保持和提高森林的生态功能，提高森林的经济价值，给群众带来越来越多的经济收益。

项目怎样组织实施？

　　成立森林经营单位。把村民组内有林权的农户联合起来，统一成立一个森林经营单位。项目办与经营单位签署项目合同，项目资金和技术直接针对经营单位提供，而不单独针对个户。一个经营单位的森林总面积原则上不低于1000亩。

　　制订森林经营方案，并且严格按照方案实施。森林经营方案涉及经营单位面积内的所有森林，由林业技术员和经营单位共同制订，它涵盖今后10年内森林里的所有活动，每个年度都有具体的工作计划。森林经营方案贯彻可持续森林经营的原则，并采用"近自然"林业的方法，尤其是生态公益林。

森林经营方案包括哪些内容？

■森林的经营目标；
■把森林细分成小块（小班和细班）；每个小块林子现状怎么样？做什么，怎么做？什么时候做？
■要修建或者改造哪些基础设施，怎样维护？
■图纸：位置图，主要林相图，营林措施规划图；

林户（农户）能得到哪些好处？

■懂得怎样经营自己的森林
■森林得到统一的科学经营，林木质量和价值不断提高
■林区基础设施条件得到改善
■得到免费的工具和设备
■得到劳务补贴
■得到长期的、稳定的经济收益
■统一办理林木采伐手续，获得一定的林业政策优惠

挂图 2

什么是森林可持续经营？

两个原则：1）森林面积不减少；2）采伐量不高于生长量

I.形成群落　　II.质量得到改善　III.竞争与选择　　IV.永久性的森林覆被

通过合理的经营措施，永久性的"类似自然"的森林逐渐形成：

好处：1）经济效益：稳定的、连绵不断的经济收入
　　　　2）生态效益：保护自然资源（土壤，水）
　　　　3）森林服务：村庄环境、休闲、旅游等等。

可持续经营的森林有哪些特点？

1. 永久性的森林覆被：经营措施以间伐为主，只在有限的小范围内可以开展皆伐，一般尽量不采用。

没有大面积的皆伐

稳定地提供林产品

2. 蓄积量增加
3. 促进乡土树种
4. 促进天然更新和森林的自然恢复
5. 促进混交状态
6. 选择并促进目标树
7. 降低间伐的不利影响：对间伐和通道的布局进行仔细规划，非常小心地实施基建措施，保护水源地，尽可能避免水土流失和植被破坏。

挂图 3

森林中开展哪些经营活动?

林分类型	林木规格	经营目标	主要经营措施
针叶幼林	胸径 1~4 厘米	增加阔叶树数量;提高质量;调整密度	幼林抚育
针阔混交幼林	树高<2米 胸径 1~4 厘米	稳定混交状态;提高质量;调整密度	人工促进天然更新 幼林抚育
阔叶幼林	树高<2米	保证多样性和质量;必要时调整密度	人工促进天然更新
针叶中龄林	胸径 5~14 厘米	选择和促进目标树;促进阔叶混交	间伐
针阔混交中龄林	胸径 5~14 厘米	选择和促进目标树;促进阔叶混交;改善林分结构及密度	间伐
阔叶中龄林	胸径 5~14 厘米	选择和促进目标树;改善林分结构及密度	间伐
近熟林	胸径 15~35 厘米	创造森林经营的第一笔利润;进一步促进目标树	择伐
成熟林	胸径 >35 厘米	根据目标直径开展采伐,并促进林分更新	选择性采伐 栽植/补植 补植高价值用材树种
异龄林		保证异龄结构	对中龄林(胸径 5~14 厘米)开展间伐 对近熟林(胸径 15~35厘米)进行择伐
雪压受损林分、退化林分		林分恢复;增加立木蓄积量	自然恢复 清理受灾木
萌生林		转换为混乔矮林	林分改造

挂图 4

为什么要建立森林经营单位?

1. **个户的森林面积很小,不利于规模经营。** 规模经营的好处:提高效率,降低成本和费用,林主能够得到更多的经济收益。

2. **森林经营需要长效机制。** 林业经营周期长,所以规划要有长远性和连续性。项目要求森林经营单位的功能不只持续几年,而是几十年甚至更长。

3. **森林经营需要中小林主相互合作:**
   - ■林道规划和建设(需要占地);
   - ■集材道的开辟和使用(需要统筹规划);
   - ■木材的采伐、加工和营销;
   - ■统一购买和使用林业工具和设备(需要很多资金);
   - ■森林保护,如防火、病虫害防治;
   - ■防范自然灾害,如山体滑坡等。

   总之,森林经营需要的是合作与协调,不是相互竞争。

4. **项目实施需要统一组织:**
   - ■统一规划:以至少1000亩为单位编制森林经营方案;
   - ■统一施工:以小班和细班(山头、地块)为单位统一施工,统一提供技术培训和现场指导;
   - ■统一验收:以小班和细班(山头、地块)为单位进行检查验收;
   - ■统一发放劳务补助:项目不直接把劳务补助发到单个农户。每个森林经营单位建立一个银行账户,劳务补助直接发给经营单位。经营单位的成员们需要商定一个分配方法,用来界定谁得,谁不该得,得多少。

挂图 5

建立什么样的森林经营单位?

森林经营单位是大家的,建立什么样的经营单位,也需要大家共同协商后统一决定。但是,究竟什么样的森林经营单位才是最适合的?决定之前,请每一个林户先自己思考下面的问题:

1. 你的森林目前资源情况如何?有哪些树,多高,多粗,价值怎么样,目前是怎么利用的?
   其他人的情况和你一样吗?

2. 你的森林发展潜力怎样?你希望将来用森林做什么?
   - ■生产大型的规格材?
   - ■生产坑木等小径材?
   - ■提供烧柴(如冬天取暖用)?
   - ■保持原样,作为风景林?
   - ■生产其他林副产品?(如药材?养殖?野菜?蘑菇?)
   其他人的想法和你一样吗?

3. 你的森林在管护方面存在哪些困难?(防火?防病虫?防牛羊?防砍柴?防盗伐?)经营利用方面呢?(劳动力?知识和技术?市场信息?外运销售?木材手续?)
   其他人的想法和你一样吗?

4. 你在哪些方面需要跟其他人合作?怎样合作?哪些方面不希望跟其他人合作?
   其他人的想法和你一样吗?

5. 你经常外出打工吗?如果外出时森林经营需要你表态决策和提供劳动力时,你打算怎么办?

6. 你们家会一直住在村里吗?你的儿女呢?如果将来不住在村里,林地怎样经营和收益?

挂图 6

什么是参与式森林经营?

项目在规划和实施的过程中,充分尊重群众意愿,保护群众利益,帮助林户们建立最适合的、最符合大家心愿的合作组织,选出大家最信得过的带头人,实行民主决策,并保证在发放劳务补贴和分配森林经营收入时,实现真正的透明、公开、公正。

项目规划和实施步骤:

1. 项目办选择适合参与项目的村 通知乡、镇、村、组领导和村民代表 初步宣传 转发项目传单给村民
2. 项目详细宣传:村民组大会
3. 分析村民组森林现状和参加项目的可能性 村民组决定是否参加项目 提交《项目申请表》
4. 创建森林经营委员会(过渡性组织) 选举产生 3 位代表 与县项目办签订合同
5. 制订森林经营方案:项目技术人员负责,委员会参与
6. 森林经营委员会认可经营方案 上报省林业厅 批准
7. 成立森林经营单位 项目合同转签到森林经营单位
8. 项目实施:经营单位负责,项目办协助
9. 监测验收:经营单位自查,每年两次 监测中心进行项目监测验收,经营单位参加验收过程
10. 补贴发放:项目直接将劳务补贴通过银行账号发放到森林经营单位。在经营单位的内部成员间,将按照内部约定的方法进行透明公开的分配

挂图 7

可能的森林经营单位组织形式

下表中总结了 4 种森林经营单位的组织形式，但我们随时欢迎新的想法和形式。

类别	联户经营	承包经营	股份制经营	个户经营
管理模式	联户决策，分户经营	联户外包，按协议分成	森林入股，集体经营	个人决策，个人经营
运行方式	自己负责在自己的宗地上施工，出售自己林地中出产的林产品，领取自己那份项目劳务补贴。	大家的林地统一承包给他人，由他人来组织项目实施以及今后的生产经营，森林经营收益按协议分成。	拉破个户的宗地边界，拉通经营，设置专门机构进行统一决策、统一组织施工和经营，亏损按股分摊，盈余按股分红。	经营完全自主，自负盈亏。（注意：面积不小于 1500 亩）
特点及利弊分析	• 自己做自己的工作会更仔细，自己管理自己的林地更放心，并且可以自己做主； • 统一施工时，工期不可能很长，因此自己家的劳力可能不够用，需要雇工或换工； • 项目期内，要求本人经常参加项目会议，亲自参加项目培训； • 项目结束后，仍需要不时与其他农户一起商量如何进行森林管理，并统一规划和实施森林的生产经营活动； • 将来如果经营需要，修建基础设施（如林道）占地时需要重新协商解决。	• 自己劳力不足的时候没关系，因为施工不用自己负责； • 将来离开村里也没关系，因为林地收益可以与管理者分成； • 森林经营活动施工过程中，经营者需要雇工时，自己也可以出工，挣工钱； • 对森林经营管理不懂并不影响经营收益。 • 项目期内：不要求参加项目会议，如果不出工，也可以不参加项目培训； • 项目结束后，不需要参加经营管理会议； • 必须在条款中明确规定森林经营的原则和方法，以保证可持续经营实践贯穿合同期始终。 • 将来如果经营需要，修建基础设施（如林道）占地时需要重新协商解决	• 自己劳力不足时没关系，因为施工由单位统一组织； • 将来离开村里也没关系，因为林地收益可按股分红； • 本人对森林经营管理不懂并不影响经营收益。 • 将来如果由于经营需要，修建基础设施（如林道），或者出现自然灾害时，或者政府征地时，可不必担心自家的地块被占用或破坏，因为自己拥有的是股份，不再是山头地块。 • 森林经营活动施工过程中，自己也可以出工，挣工钱； • 项目期内：个体农户有事可以不参加项目会议，如果不出工，也可以不参加项目培训； • 项目结束后，不需要经常参加经营管理会议。	如果林地是此前承包来的，只需与此前的发包人协调。
林权变化	林权不发生任何形式的变化。	林权不变，在与承包人的合同期内，自己没有林地的经营决策权；合同期满后自动重新获得完整的林权。	林权不变，只是林权由具体的山头地块，变成在一大片森林中占有的股份，林权证将成为股份形式。	林权不发生任何形式的变化。
退出机制	理论上可以随时退出组织，但是退出后其他人进行规模经营时会遇到不便。	合同一旦签订，就没有单方面退出的余地，除非协商解决。	可以将股份转让给他人，理论上也可以随时退股，但退股后其他人在规模经营时会遇到不便。	不存在
焦点问题	如何建立一个决策和协调机制，以保证远期的联户经营？届时的森林经营可能会涉及很多新的情况和需求，如何协调并做出决策？	谁愿意承包经营，分成按什么比例合适？ 承包经营的成本和收入的账目如何保证透明和公开？确定什么样的机制来保护发包人的利益？	林地怎样折股？怎样才能做到真正公平？有什么机制能保证若干年后依然公平？	此前发包人对本次林权改革的结果（收益分成协议）是否满意？如果目前与你存在任何矛盾冲突，你的林地不能纳入项目。

第四节／文档表格

　　项目文档表格主要包括：项目合作申请表、村民组会议出席名单、村民组会议总结表、森林经营委员会成立大会总结表、森林经营单位机构章程公示总结表、森林经营单位章程所需内容示例、村民组信息表以及农户签字规则示例。

中德合作贵州林业项目
项目合作申请表

在了解了上述项目的框架、规章和收益条件后，我们，_____县_____乡/镇_____行政村_____村民组的林户们，决定向项目表达合作意愿，并提出申请。

我们知道，与中德合作贵州林业项目合作，我们应该成立森林经营单位，并制定内部的规章制度（章程和条例），并建立决策机制。

我们愿意接受项目的协助，成立上文所述的森林经营单位并针对我们的森林制定可持续经营方案。

我们承诺将通过我们的森林经营单位，积极地参与到项目准备期以及其后的实施工作中，包括评估、规划、森林经营以及符合项目规程的所有相关方面。

森林资源总面积（亩）	
其中乔木林分（%）	
涉及的林户总数*	
其中常住林户	
交通状况（道路类型、到达最近的场镇所需时间）	

*以派出所登记户数为准

我们已经通过投票选举了下列人员作为我们的代表，他们的任期直到我们的森林经营单位成立。

(地点)　　　　　　　　(日期)

森林经营委员会代表们签字

行政村主任签字

行政村书记签字

森林经营委员会涉及的常住林户名单及参与意愿 （第　页，共　页）

#	户主名字	所属村民组	家庭代表签字	是否同意参加?（是，否）	与户主关系

1. 村民组内所有常住林户均须在名单上签字，同时申明自己是否愿意参加项目。本申请表将作为森林经营合同的附件，若其中不愿意参加的林户数>20%，申请表及合同无效。

2. 本名单必须由本人签字。如果张三确实不会写字，可委托李四代签，方法为：李四先写下"李四代张三"，然后由张三在自己的名字"张三"上按手印。更多情况详见参与式指南中的"林户签字规则"。

森林经营单位章程所需内容示例

1. 目标

2. 成员（以及面积份额，如适合）

3. 类型

4. 任务

5. 代表体系
   例如：
   会员大会
   委员会

6. 会员大会的组成及任务

7. 委员会的组成及任务

8. 代表及职能

9. 决策机制

10. 质询

11. 代表及委员会成员的任期和职责

12. 账户核查

13. 收入来源

14. 收益分配

15. 解散和清理

中德合作贵州林业项目
村民组会议出席名单（第　页，共　页）

_____县_____乡/镇_____行政村_____村民组 　　　　_____年____月____日

#	姓名	村民组	签字	#	姓名	村民组	签字

注：本名单必须由本人签字。如果张三确实不会写字，可委托李四代签，方法为：李四先写下"李四代张三"，然后由张三在自己的名字"张三"上按手印。

中德合作贵州林业项目
村民组会议总结表

_____县_____乡/镇_____行政村_____村民组

_____年_____月_____日，村民组常住户数_____，参会户数_____；参会妇女人数_____，占_____%

如果出席数较少，原因为：

_____

#	村民提出的主要议题、问题及异议	是否已解决√	解决办法
1			
2			
3			
4			
5			
6			
7			
8			
9			
10			

工作组的观察与评价：

村民组组长、村民代表签字：_____，　_____，　_____

技术员签字：_____，　_____

注：本表由工作组填制，相关人员签字。

中德合作贵州林业项目
森林经营委员会成立大会总结表

_____县_____乡/镇_____行政村_____村民组

_____年_____月_____日，村民组常住林户数_____，参会林户数_____；妇女人数
_____，占_____%

如果出席的林户数较少，原因为：

_____

森林经营委员会代表名单：

姓名	性别	所属村民组	职务（如有）

代表产生方法：　投票海选　　差额选举　　群众公推　　其他：_____

┌───┐

　工作组主要观察/评价：

　1. 关于项目政策、森林经营委员会和项目合同，林户们提出了哪些问题？如何回
答/解决的？

　2. 非常住林户是否已得到通知，他们是否了解项目的政策和好处，是否同意参加
项目？他们提出了哪些问题和关注？

　3. 选举的方法是否适合，为什么？选举的过程是否公平透明？

　4. 其他：

　5. 下一步工作中需要注意的问题和事项：

└───┘

森林经营委员会代表签字：_____

技术员签字：_____，　　_____

注：本表由工作组填制，相关人员签字。

中德合作贵州林业项目
森林经营单位机构章程公示总结表

_____县_____乡镇_____行政村_____村民组　_____年_____月_____日

序号	村民的主要问题/评价/异议	解决办法
1		
2		
3		
4		
5		
6		
7		
8		
9		
10		

村民对章程的总体满意度：

强烈不满　　较不满意　　可接受　　较满意　　很满意

主要观察/评价：

森林经营委员会代表签字：_____

村民组组长签字：_____

工作组成员签字：_____，_____日期：_____

＊注：本表由工作组填制，相关人员签字。

附：农户签字规则

为保证项目实施与规划过程的公开和透明，保障林农的参与权和知情权，林户必须在一些项目文档中签字。理想的情况是，任何一个人的签字必须由本人进行，然而项目区的社会经济情况决定了这种情况难以实现，代签字的情况不可避免。为了规范代签字的方法，使每一个签字均有据可查，特作如下规范。

1. 村民组会议出席名单签字办法：该文档只要求参加村民组会议的人签字。

例一：张三出席会议，张三本人会写字

姓名	村民组	签字
张三	新房子	张三

例二：张三本人不会写字，找李四代签

李四先写下"李四代张三"，然后由张三在自己的名字"张三"上按手印。

姓名	村民组	签字
张三	新房子	李四代张三

2. 项目申请表签字办法：项目申请表要求森林经营委员会所涉及的所有常住林户签字，该申请表将被作为项目合同的附件。

例一：张三的妻子李梅花代表她们的家庭签字

#	户主名字	所属村民组	家庭代表签字	是否同意参加？（是，否）	与户主关系
	张三	新房子	李梅花	是	妻子

例二：李梅花本人不会写字，找李四代签：

#	户主名字	所属村民组	家庭代表签字	是否同意参加？（是，否）	与户主关系
	张三	新房子	李四代李梅花	是	妻子

例三：李梅花除代表他们的家庭外，还代表她的两个儿子（张老大、张老二）签字：

A：如果李梅花会写字

#	户主名字	所属村民组	家庭代表签字	是否同意参加？（是，否）	与户主关系
	张三	新房子	李梅花	是	妻子
	张老大	新房子	李梅花代表张老大	是	母亲
	张老二	新房子	李梅花代表张老二	是	母亲

B：如果李梅花不会写字，找李四代签，李梅花在她的每个名字上都要按手印

#	户主名字	所属村民组	家庭代表签字	是否同意参加？（是，否）	与户主关系
	张三	新房子	李四代李梅花	是	妻子
	张老大	新房子	李梅花代表张老大	是	母亲
	张老二	新房子	李梅花代表张老二	是	母亲

村民组信息表

县：		乡镇：		村：		村民组：		
1. 社会经济特征								
人口统计			交通					
总人口：			通车种类：	不通车	摩托车	长安车	农用车	卡车
劳动力总数（18~60岁）								
其中妇女劳动力：			路况：	土路	砂石	硬化		
常年在外打工的劳动力：			到最近木材市场所需交通时间（卡车，　小时）					
总户数（户口本口径）：			成年人文化程度					
其中林户数：			小学及以上（%）：					
常住林户数：			扫盲班水平（%）：					
少数民族及所占（%）：			完全不能读写（%）：					
备注			备注					

（续）

2. 林地使用权
林权制度改革现状 （进展情况？人们的满意程度？是否有冲突？等）
林地使用权描述：农户数权属类型，宗地地块大小（包括集体的林地）
其中，是否有承包？（谁承包给谁，林地大小，位置，合同有效期等）

3. 森林的历史
具体的历史特征（采伐森林阶段，再造林阶段，经营类型的演变）
自 20 世纪 80 年代以来实施过的主要林业项目

（续）

4. 森林和林产品的利用情况					
林木采伐与销售					
产品	用途	产量（多，有一些，少）	是否采伐？	是否销售？	在哪里销售？
林副产品的采集与销售					
产品	用途	产量（多，有一些，少）	是否采伐？	是否销售？	在哪里销售？
是否需要在林中放牧					
是	否				
备注					
是否需要收集薪柴					
是	否				
备注					
其他需求：（休闲活动，水源保护，家禽养殖，蘑菇种植，等等）					

（续）

5. 项目实施要素
可能会影响到森林经营单位的成立和项目实施的潜在冲突
注：冲突可能发生在任何互不相同的方面，如社会矛盾、人际关系冲突、农户间的争端、关于森林利用的不同意见等。
社区对将来森林利用上的期望
村民对项目的主要关注和希望

第五节／访　谈

一、访谈指南

下列内容不必按顺序提问，自然谈到时，不要打断对方说话，而是引导谈话内容，以便让他/她给出你问题的答案。

村/组干部访谈提纲

姓名：

1. 村人口 总人口_____ 总劳动力_____，其中妇女劳动力：_____ 常年在外工作/打工的劳动力（数量或%）_____ 总户数_____其中少数民族及户数：_____ 林户数_____其中常住林户数_____（数量或%）
2. 成年人文化程度 对农户的文化程度进行估计（数量或%）：小学及以上的有多少，达到扫盲标准的有多少，完全不会读写的有多少。
3. 是否通车 通车种类，乘卡车到最近的木材市场的距离（公里数或所需时间） 路况（水泥路、土路等）
4. 林地权属 核对、确认林业局已有的信息，并进一步进行记录。 个户的林地使用权：林地面积、农户数、宗地面积大小 其中，是否有承包？面积和森林类型等。 集体的林地：乡镇集体、行政村、村民组（分别描述其面积和森林类型）
5. 森林的历史及利用

过去实施过的项目：发展过什么人工林（退耕还林以及其他项目）、间伐项目、封山育林项目；什么时候、怎样实施的（承包？集体出工投劳？）；结果（保存维护等方面）。

有没有大面积采伐过森林，哪个期间？解释为什么，出于什么目的？

林地分配（在20世纪80年代就已经分到户了吗？还是最近分配的？林地怎样分配的，是否是按就近原则，为农户在靠近其耕地的位置分山，或是几户指定一个山头，还是落实了清晰的界限，等等）

有没有非法的木材经营利用？

其他？

农户访谈提纲

方法：

- 介绍你自己
- 放松你自己，并让你的访谈对象放松，用几句关于天气、收成或者该年度该农户关心的任何的话题，或通过与小孩谈话，或对该村做几句评价，建立起对方的自信。
- 问对方是否有时间跟你聊一下。
- 简要解释项目的目的：帮助农户照顾好他们的森林，以便提高他们的森林质量。
- 你现在是工作组的成员，工作组在村里工作，以便了解农户的生活和状况，他们对森林经营的意愿以及打算。

1. 农户

有几个家庭成员？

有几个劳动力？

有几个人在打工？

民族

2. 家庭经济

主要家庭收入来源？庄稼、家畜（问种类和数量）、打工、在外上班等。

在这里，我们不需要一个绝对准确的数字，只要能够反映农户的家庭经济条件和收入来源即可。

3. 农户的山林

如果你们在户外，并且能够看得见林子，问农户他/她家的林子在哪。

农户分到的山林有多大？一共有几宗地？边界清楚吗？

森林类型：树种？人工造林？天然次生林？大树还是小树？

4. 森林利用

采集薪柴吗？
如果是的，农户家庭的取暖期有多长？

牲畜（牛羊）在放牧吗？

农户砍过树吗？
如果是的，是做什么用（建筑、销售）？
什么树（树种、规格）？
如果卖过，卖给谁，什么价格？

采集野菜或蘑菇吗？

其他用途

5. 你对你自己的林子有什么打算？你希望怎样利用？

我们希望知道的是：农户是否对自己的森林感兴趣，对他们来说保持并提高森林质量是否重要；森林面积看起来是大还是小，他们是否有能力照管和经营好。

分析和结论（由访谈人填写）

可能会对森林经营单位的成立和运行以及项目实施产生影响的潜在的冲突/困难（需要讨论和解决的困难）。

农户对项目活动的兴趣和能力

关键信息人访谈提纲

---

1. 森林的利用

采集薪柴吗？

如果是的，农户家庭的取暖期有多长？

牲畜（牛羊）在放牧吗？

农户砍过树吗？

如果是的，是做什么用（建筑、销售）？

什么树（树种、规格）

如果卖过，卖给谁，什么价格？

采集野菜或蘑菇吗？

其他用途

---

2. 森林的历史

过去实施过的项目：发展过什么人工林（退耕还林以及其他项目）、间伐项目、封山育林项目。什么时候、怎样实施的（承包？集体出工投劳？）？结果（保存维护等方面）如何？

有没有大面积采伐过森林，哪个期间？解释为什么，出于什么目的？

林地分配（在 20 世纪 80 年代就已经分到户了吗？还是最近分配的？林地怎样分配的：是否是按就近原则，为农户在靠近其耕地的位置分山，或是几户指定一个山头，还是落实了清晰的界限，等等）

有没有非法的木材经营利用？

其他

---

3. 你们对你自己的林子有什么打算？你希望怎样利用？

我们希望知道的是：农户是否对自己的森林感兴趣，对他们来说保持并提高森林质量是否重要；森林面积看起来是大还是小，他们是否有能力照管和经营好。

农户访谈的分析和结论（由访谈人填写）

可能会对森林经营单位的成立和运行以及项目实施产生影响的潜在的冲突/困难（需要讨论和解决的困难）。
农户对项目活动的兴趣和能力

妇女小组访谈提纲

1. 森林的利用 采集薪柴吗？ 如果是的，农户家庭的取暖期有多长？ 牲畜（牛羊）在放牧吗？ 农户砍过树吗？ 如果是的，是做什么用（建筑、销售）？ 什么树（树种、规格） 如果卖过，卖给谁，什么价格？ 采集野菜或蘑菇吗？ 其他用途
2. 劳动力以及是否充足 妇女在森林里工作吗：采集薪柴，放牛，或其他？ 在森林经营中，妇女将会参与吗？什么程度？ 妇女的生产生活季节历是怎样的，她们什么时候有空？
4. 你们对你自己的林子有什么打算？你希望怎样利用？ 我们希望知道的是：农户是否对自己的森林感兴趣，对他们来说保持并提高森林质量是否重要；森林面积看起来是大还是小，他们是否有能力照管和经营好。

农户访谈的分析和结论（由访谈人填写）

可能会对森林经营单位的成立和运行以及项目实施产生影响的潜在的冲突/困难（需要讨论和解决的困难）。
农户对项目活动的兴趣和能力

第五章
固定样地监测

第一节／样地设立

一、设立样地的意义

为了记录森林可持续经营的实施结果并从中学习，将在选定的项目村建立监测和研究样地，设立意义主要包括：

1. 评估营林措施的效果。森林可持续经营影响监测的一个目标是获取可靠的对照信息，用以反映采取了本项目营林措施的林分与未采取措施林分之间的对比关系。这些信息的获取将通过对固定样地进行定期的重复调查实现。尤其是针对下列参数：一是直径和高度的增量；二是林分结构的演变（主林层和林下植被）；三是林分质量和损害情况；四是乔木更新情况和物种多样性的演变。

2. 展示示范效果。在研究样地上开展的营林措施，将由合格的项目人员认真地、以做样板的方式，按照正确的营林理念执行。因此，实施后的林分可以为各类人群提供生动的营林示范。

（1）林农：主要的目标群体，可接受营林原则的培训

（2）林业工程师：作为监督者和培训者

（3）林学专业的学生：作为见习基地

（4）其他访问者：了解项目目的以及项目实施情况

3. 提供科研素材

（1）开展项目投工情况的调研方面。对于这方面来说，目前采取的样地似乎太小；并且固定样地可能会成为特例，因为选择这些固定样地的条件是交通便利，并且样地内的林木标记和采伐工作也会开展得更仔细。

（2）在中长期内对样地进行持续观测和数据采集将可能会产生优秀的科研素材，其研究条件是：只有在特定的条件下积累一定的重复数据后，才能产生重要的科学价值。然而

对于项目的目的而言，似乎将这些固定样地在空间上分散设立，使其代表不同的营林条件，并且对单独个体进行重复研究的方法更为实用。

二、设置数量及分布

考虑到建立固定研究样地以及样地的跟踪调查都十分耗费时间，以及项目工作人员有限，德国复兴银行检查团于 2011 年 5 月同意，把固定研究样地总数减少到 10 对，其中大方县、黔西县、金沙县各 2 对（表 5-1）。出于营林研究和示范目的的需要，建立固定研究样地应选择幼林林分，原因是在这类林分实施抚育以及间伐 1 措施可以产生积极的效果，并支持记录和研究。

表 5-1　固定研究样地按实施面积分布情况

县项目办	大方	金沙	黔西	合计
固定研究样地总对数	2	2	2	6

为了得到足够长的观测期，固定样地应赶在所有营林措施开展之前设立。然而，它的前提条件是：《森林经营方案》已制订，或者至少已经明确了未来森林经营单位覆盖的森林面积范围。最理想的情况是对森林经营方案检查把关的同时，进行固定研究样地设置与调查工作。固定样地在选点时应集中在开展中幼林间伐的地块，因为这些地块能产生最显著、最具说服力的成效。

三、样地选点和布局

固定研究样地设立在有代表性的、具有至少 2 亩，均一林分状况和均一立地条件的地块。因为要实现示范功能，交通上也应该足够便利。固定研究样地位于两个面积各为 1 亩的区域中，其中一个区域采取营林措施，另一个不采取措施。为了避免两个样地之间相互干预，在两个样地中间需要有一个缓冲带。样地外面也应采取相同的措施。

1. 样地的布局方法是设立一对样圆，在样圆中心竖立水泥桩作为永久性标记，为重复调查提供参照点。两个样圆的中心之间标准距离为 25 米，也可以根据地形条件稍作变化。

2. 至于样地规格，对于间伐来说，一般情况下一个样地中包括 30~50 株林木即可认为足够。鉴于项目区林分密度大多在 1000~2000 株/公顷之间，样地的规格在 250 平方米最为高效。而对照样地的规格可以小些（100 平方米）。该样地规格适用于调查所有胸径不低于 5 厘米的林木。

3. 调查胸径小于 5 厘米的乔灌木更新情况时，样圆面积减小到 100 平方米，圆心不变。

4. 草本植被和林冠盖度调查方法是：从样圆中心沿四个主要方向各拉 10 米长的样线，沿样线进行调查。

5. 每次调查时，均应在相同的地点、按相同的取景范围拍摄有代表性的林分照片。为此，应在靠近样地中心的位置选一个合适的视野较好的拍照点（也可以为样地中心）。

第二节／调查方法

调查信息记录在一系列不同层次的外业调查表中。

一、固定研究样地基本信息（表A）

本表包含样地的标识数据以及回访信息，在设立固定样地时填写。

1. 样地编号：各县按样地设立顺序进行编号，编号中还应包括县区编码（如KY_1）。

2. 经营单位：用于确认森林经营活动的实施主体。

3. 森林经营类型：与森林经营方案相同，与采取的经营措施相关。

4. 经营阶段 I 计划：基本与森林经营方案相同（第1~5年内实施）。

5. 经营阶段 II 计划：基本与森林经营方案相同（第6~10年内实施）。

6. 中心横坐标（米）：经营样地的中心点UT米横坐标（确认GPS是否已按当地公里网格设置）

7. 中心纵坐标（米）：经营样地的中心点UT米纵坐标。

样地中心竖立水泥桩作为永久性标记，水泥桩长70厘米，其中50厘米埋入地下。水泥桩顶部以油漆书写其编号，同时书写样地类别（1为经营样地，0为对照样地）。在经营样地和对照样地的四角及四边，用显眼的白色油漆对林木做标记。

8. 设立日期：设立固定样地的日期。

9. 调查队伍：组长姓名。

10. 林木标记所需时间：目标树和采伐木的选择及标记所花费的时间，应分别测定并做记录，以便为今后估计标记林木所需时间的时候提供参考。首先选择目标树，并用红色油漆在高度2米处作环状标记，然后选择采伐木，并用黄色油漆标记。林分和地块参数的作用是将来帮助解读调查结果及其与对照样地的比较结果。只需要考虑样地区域内部的立地条件。

11. 经营目标：为了说明所采取的营林措施，应针对该样地情况具体制订一个适合的经营目标，这也是考虑到培训和示范的需要。

12. 经营措施：在经营目标后面列明经营措施。所用术语应能够用于其他样地（轻度或重度的间伐、系统性或以目标树为导向、目标直径等）。

13. 备注：任何有助于理解的具体情况或环境细节。

14. 位置：固定研究样地的位置应在《森林经营方案》中的规划图上标示，并将其副本附在样地基本信息表后。两个样地中心的相对位置应在示意图上按下列参数标注，对照样地的位置、相对于经营样地中心、距离（米）、经营样地中心与对照样地中心之间的距离、方位°、自经营样地到对照样地之间的罗盘方位角及拍照视角。如果回访时发现其中一个水泥桩已经移位，上述参数能够帮助更准确地找回其中心位置，比 GPS 坐标精确度更高。

二、胸径 ≥ 5 厘米乔木调查（表 B）

经营样地的半径为 8.92 米，对照样地半径为 5.64 米。用白色油漆对样地内的所有林木做环状标记，标记高度为距离地面（取上坡一侧）1.3 米处（即胸径测量处）。林木自样地中心开始按顺时针方向连续编号，将编号用刷子书写在测量标记的上方，书写编号时要注意能长久保留。此外，在初次调查时，应该对每株树到样地中心的距离和罗盘方位角进行界定。通过这些标注，即使编号变得模糊不清时，也能够找到正确的林木。并且，这也允许我们在图表上对树的位置进行标记。下次回访时，这些信息可用于辨识林木。

1. 林木编号：林木株数，自样地中心开始按顺时针方向依次编号，并将编号永久性地标记在树上。只针对保留木进行编号，但是采伐木也同样要进行测量并做好记录（第二轮测量）。

2. 树种：树种名。

3. 距离（厘米）：样地中心到林木中心（切点处）的距离，该距离为水平距离或坡改平后的距离，单位为厘米。

4. 方位角：样地中心到林木中心的方位角。

5. 胸径（毫米）：用围尺测量，测量部位用白色油漆做环状标记，以保证每次调查时均在同一部位进行测量。

6. 总树高（米）：对每株林木测定树高。

7. 枝下高（米）：测量地面距离树冠最下端的活枝的高度。

8. 受损类型：每株树进行认真诊断，对观察到的任何症状进行记录。如：断梢、扭曲、病害、虫害等。

9. 林木分级：林木在森林中的社会地位。按国家抚育间伐标准中的分级方法：1＝优势木，2＝亚优势木，3＝中等木，4＝被压木，5＝濒死木。

10. 营林定位：按营林指南中的营林定位：1＝目标树，2＝稀有/混交木（特殊目标树），3＝一般木/中立木，4＝干扰木/竞争木，5＝下层木/填充木。

11. 间伐优先级：样地调查包括间伐木标记，样地中选树工作的质量应具有样板水平，应由调查组长亲自进行。应将马上采伐的林木标记为 1（优先），可能在后期进行采伐的林木标记为 2（可暂缓）。后期如果有继续开展间伐的必要，不应回避这些样地。

三、5 厘米以下乔灌木调查（表 C）

乔木更新和灌木层的发育情况通过以样地中心为圆心，半径为 5.64 米的样圆进行调查。经营样地和对照样地方法一致。调查方法较为简单，分类型、分树种、按不同高阶（<50 厘米，50~130 厘米，130~300 厘米，>300 厘米）对植株进行计数。

乔木及稀有灌木树种的更新应进行仔细取样。对于非常茂密的林下灌木，最频繁出现的树种可以粗略计数。

四、地表植被及林冠盖度样线调查（表 D）

地表草本植被和林冠盖度的调查方法为：从样地中心出发，向各个主要方向各拉 10 米样线。调查时，将皮尺放于地上，末端置于样地中心，沿罗盘所指示的方向拉直。

1. 地表植被：在每个整数米处向下看地表的草本植被，应尽可能辨识各个物种类别（乔木、小乔木、灌木、草本、禾本科草、蕨类、苔藓）并做记录，同时记录其总高度。如果遇到裸地则该空格不填。

2. 林冠盖度：同上，通过垂直向上观测，记录是否该观测点被林冠遮蔽与否（如果不使用顶点对点器之类的工具，可能无法测量准确）。如果被遮蔽，则应记录"1"。

五、研究样地的拍照监测

每次监测时均在已界定好的固定拍照点拍摄一张数码照片。由于在林内拍摄一张有效的（能反林分状况的）照片很不容易，拍照点及取景范围的选择必须非常小心。为了能够产生有对比性的图片系列，每次调查进行重新拍摄时，均需要将上次的照片带到现场进行参照。图片将按数据库中的样地文档命名，即样地编号+样地类型（1 代表经营样地，0 代表对照样地）+ 调查序次，如 KY01_1_0。

六、调查设备的组织

1. 机构职责及人员配备。每次调查时均应采用相同的标准和准确度。因此，固定研究样地的设立和今后的重复调查应由专业的队伍进行，并在整个观测期内尽可能由相同的人员执行。建议由项目监测中心派出一支专业队伍，对样地的设立、重复调查和数据记录，以及保存调查文档。该专业队伍的组长必须由一位在营林、林业调查及植物学方面具有丰富经验的林业工程师担任。协助他的人员应包括一位技术员和两位工人（由森林经营单位提供）。

固定研究样地的设立和基线调查工作至少需要一整天时间。重复调查需要的时间可以相对短些，每支队伍至少可以完成 2 个研究样地的调查。调查队伍在出发时应具备必要的交通工具，这样他们可以独立开展工作，从而更有效率。

2. 评估周期。固定研究样地的设立和基线调查应该在森林经营方案编制的外业工作结束后着手，或许可以跟监测中心对森林经营方案的核查工作结合起来进行。在设立样地时进行基线调查，而第一次调查应在实施营林措施后立即进行。其后的重复调查每两年一次。这样的调查密度应该已经能够反映林分的演进情况。

3. 设备和材料。新编制的森林经营方案（规划图、林分描述以及外业规划表）应该被用作设立固定研究样地的前提文档，虽然固定研究样地需要有一个具体的立地描述，甚至应该设定具体的规划数据指标。

（1）样地调查需要下列设备：一是 GPS，用来测定样地中心坐标（应设定为当地的公里网格体系）；二是经纬仪或其他能测量方向和坡改平距离的通用测量工具，需配备三脚架；三是倾斜仪，用来测量坡度和树高；四是顶点对点器，或类似的垂直对准装置，用来测量郁闭度；五是数码相机；六是皮尺（30 米）；七是围尺；八是花杆；九是窄锹，用来埋植水泥桩；十是油漆刷子，宽度分别为 1 厘米和 3 厘米。

（2）需要的材料：一是全套调查表格（如果是重复调查，需要将上次调查的数据带上）；二是规划图复印件；三是永久性油漆（白、红、黄）用来标树；四是 70 厘米长的水泥桩；五是数据存储。在营林措施实施后，将获得第一次重复调查数据，届时可以在该数据库中进一步添加所需的数据展示格式和分析功能。数据录入窗体与外业调查表格式相近，因此进行数据录入时不会有任何困难。

固定研究样地外业调查表

固定研究样地基本信息（表A）

县/区	经营单位	小地名	设立日期	调查队伍	样地编号

树种类型	林龄（年）	起源	发育阶段	森林经营类型	海拔（米）	坡度	母岩	土壤类型	土层厚度	生产力级别

经营目标：	
营林措施（第1~5年）	
营林措施（第6~10年）	
备注：	

位置：

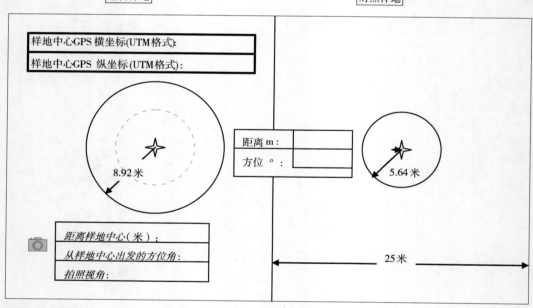

选树及标记所需时间：

目标树（红色环）	分
采伐木（黄色环）	分

调查历史：

调查序次	基线=0	1	2	3	4	5	6	7	8
日期									
调查队伍									
照片编号									

经营样地 林木调查（胸径 ≥ 5 厘米）（表 B1）
样圆半径为 8.92 米（250 平方米）

县/区	样地编号	调查日期	调查队伍

#	树种名	距离（厘米）	方位角	胸径（毫米）	总树高（分米）	枝下高（分米）	受损类型	质量	林木分级[1]	营林定位[2]	间伐优先级[3]
1											
2											
3											
4											
5											
6											
7											
8											
9											
10											
11											
12											
13											
14											
15											
16											
17											
18											
19											
20											
21											
22											
23											
24											
25											
26											
27											
28											
29											
30											
31											
32											
33											

注：1.1——优势木，2——亚优势木，3——中等木，4——被压木，5——濒死木。

　　2.1——目标树，2——稀有/混交木，3——一般木，4——干扰木/竞争木，5——下层木/填充木。

　　3.1——优先（<5 年内），2——可暂缓（5~10 年内）。

经营样地林木调查（胸径<5 厘米）（C1）
样圆半径为 5.64 米（100 平方米）

县/区	样地编号	调查日期	调查队伍

类别[1]	树种	高度 <50 厘米	高度 50~130 厘米	高度 130~300 厘米	高度 ≥300 厘米

经营样地地表植被及林冠盖度样线（表 D1）

方向	距离	1 米	2 米	3 米	4 米	5 米	6 米	7 米	8 米	9 米	10 米
北	物种类别										
	高度（厘米）										
	被遮盖[2]										
东	物种类别										
	高度（厘米）										
	被遮盖										
南	物种类别										
	高度（厘米）										
	被遮盖										
西	物种类别										
	高度（厘米）										
	被遮盖										

D1 汇总：

物种类别	乔木	小乔木	灌木	草本	禾本科草	蕨类	苔藓	裸地		郁闭度
合计										
平均高										

注：1. C——针叶乔木，B——阔叶乔木，A——小乔木，S——灌木。

2. 如果被主林层林冠所遮蔽的话值为 1。

对照样地：林木调查（胸径≥5厘米）（表 B0）

样圆半径为 5.64 米（100 平方米）

县/区	样地编号	调查日期	调查队伍

#	树种名	距离（厘米）	方位角	胸径（毫米）	总树高（分米）	枝下高（分米）	受损类型	质量	林木分级[1]	营林定位[2]	间伐优先级[3]
1											
2											
3											
4											
5											
6											
7											
8											
9											
10											
11											
12											
13											
14											
15											
16											
17											
18											
19											
20											
21											
22											
23											
24											
25											
26											
27											
28											
29											
30											
31											
32											
33											
34											
35											
36											
37											

注：1.1——优势木，2——亚优势木，3——中等木，4——被压木，5——濒死木。

2.1——目标树，2——稀有/混交木，3——一般木，4——干扰木/竞争木，5——下层木/填充木。

3.1——优先（<5 年内），2——可暂缓（5~10 年内）。

对照样地乔灌木调查（胸径<5厘米）（表C0）

样圆半径为5.64米（100平方米）

县/区	样地编号	调查日期	调查队伍

类别[1]	树种	高度<50厘米	高度50~130厘米	高度130~300厘米	高度≥300厘米

对照样地：地表植被及林冠盖度样线（表D0）

方向	距离	1米	2米	3米	4米	5米	6米	7米	8米	9米	10米
北	物种类别										
	高度（厘米）										
	被遮盖[2]										
东	物种类别										
	高度（厘米）										
	被遮盖										
南	物种类别										
	高度（厘米）										
	被遮盖										
西	物种类别										
	高度（厘米）										
	被遮盖										

D0汇总：

物种类别	乔木	小乔木	灌木	草本	禾本科草	蕨类	苔藓	裸地		郁闭度
合计										
平均高										

注：1. C—针叶乔木，B—阔叶乔木，A—小乔木，S—灌木。

2. 如果被主林层林冠所遮蔽的话值为1。

第六章
经营方案编制案例

第一节／安兴村森林经营方案（案例）

（2013 年 5 月制定，规划期：2013—2022 年）

一、森林经营规划

1. 森林经营单位概述

（1）位置：大方县高店乡安兴村森林经营单位地处东经 150°30′6″~105°33′30″、北纬 27°0′36″~27°2′13″之间，行政区划上隶属于大方县高店乡安兴村一组、二组、三组、四组、五组、六组、七组以及营兴村一组、二组、五组、六组。见下图。

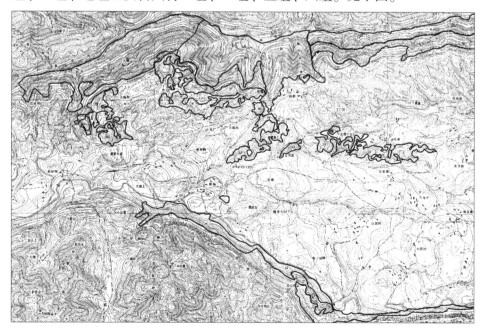

（2）机构特征：该森林经营委员会组建于 2013 年 3 月 29 日，高店乡安兴村森林经营单位涉及安兴村 7 个村民组以及营兴村 4 个村民组，面积约 200 公顷。该经营单位区域内涉及 550 户（村委口径），分别居住在多个自然村寨，民族主要以汉族为主，另外还有几户少数民族。总农户数约为 550 户，其中常住农户数约 500 户。农户主要经济来源依次为外出务工、养殖、种植，还有其他企业。由于该森林经营单位有 3 口大型煤矿，部分农户到煤矿进行务工或开餐饮等，有部分跑运输的，总体上大部分农户收入还是不错的。该森林经营单位的组织形式为联户经营。

（3）森林资源：森林经营单位总面积大约为 200 公顷，森林资源情况见下表。

表 1　森林资源统计表

森林经营单位面积统计	安兴森林经营委员会	小班数量	森林经营单位总面积（公顷）	有立木总面积（公顷）	无立木总面积（公顷）
		14	210	210	0

按森林功能

森林经营分类	小班数量	面积合计（公顷）	占比（%）	总蓄积（立方米）	单位蓄积（立方米/公顷）
防护林	5	139.3	66	825	6
用材林	9	70.7	34	1411	20
合计	14	210	100	2236	11

按发育阶段

森林经营分类	小班数量	面积合计（公顷）	占比（%）	总蓄积（立方米）	单位蓄积（立方米/公顷）
幼龄	11	201.3	96	1800	9
中龄	3	8.7	4	435	50
合计	14	210	100	2235	11

按森林经营类型

	小班总面积	乔林总面积	混乔矮林总面积	矮林	无立木面积
面积（公顷）	210	210	0	0	0
占比（%）	100	100	0	0	0

按林分混交的面积

	小班总面积	针叶林总面积	阔叶林总面积	针阔混交林总面积
面积（公顷）	210	35.8	0	174.2
占比（%）	100	17	0	83

按立地质量，有立木面积

	小班总面积	好	中	差	无生产力
面积（公顷）	210	23.5	160.8	25.7	0
占比（%）	100	11	77	12	0

按受损情况面积

受损类型	面积（公顷）	占比（%）
无	0	0

　　大部分林分处于中、幼林阶段，所以平均立木蓄积相对较低。因此，促进生长、稳定材质、促进混交、调整密度、进一步促进目标树生长成为森林经营的主要目标。

　　目前主要的树种以柳杉、杉木纯林为主，大部分幼林为针阔混交林。其中杉木多为90年代栽植，柳杉多为2000年以来退耕还林工程造林，由于造林后一直未开展过其他营林措施，因此急需开展相应的营林措施。整个森林经营单位坡度较大，森林经营单位的森林以防护林为主，用材林为辅。大部分小班的立地条件均处于中或好水平，大部分林分的土壤和气候条件可支持大径级的木材生产，适宜进行用材林经营。由于林分处于中、幼龄期，再加上从未进行过相应的营林措施等因素，目前林分生产潜力未能充分发挥。

　　（4）自然条件

　　该森林经营单位地貌以中山为主，坡陡。地势起伏较大，呈东西走向，以黄家沟、坐落沟、大白岩、杨家岩东西贯穿整个经营单位，总体为山地。海拔范围为1500~1800米之间。土壤为砂页岩发育的黄壤，土层厚度大部分在10~50厘米之间，生产潜力大部分为中、好等。境内气候湿润温和，属亚热带季风气候，年均气温11.8~14℃，降水量为1100毫米左右。

　　2. 森林经营方案

　　（1）方法及参与人员

　　本森林经营方案于2012年4月26日至5月15日期间，按照森林经营方案编制指南（2009年9月版）的方法和要求，采用参与式方法调查编制。外业调查及规划的基本方法是进行高强度的林分踏查，并在此过程中通过目测估计以及样地验证的方法对林分结构进行评估。参加调查和编案的人员如下。

表2　调查及编案人员

	天数	技术员	森林经营单位参加人
外业调查期间	4	雷　江、陈　琪、杨承勇	彭世书
内业期间	5	雷　江	

　　本方案中关于劳动力及资金需求的概算依据为项目《执行计划》（2009年09月）和《费用与投资计划》（2012年04月）。技术措施依据为项目《森林经营技术指南》。

　　（2）森林经营的历史及现状

　　起源：主要是2000—2003年退耕地造林、八九十年代人工杉木纯林以及2001年、2002年荒山造林为主。退耕地部分基本为柳杉纯林，2001年、2002年荒山造林以柳杉和杉木为主，由于该地块山上部均有桦木母树分布，桦木天然更新较好，部分小班现已成为针阔混交状态。经营类型有防护林也有用材林。

　　权属和林改：该森林经营单位大部分林木于1981年和1982年已分配到各农户，森林经营单位内的林木无林权纠纷，有利于项目工作的开展。2009年底全面完成集体林权制度改革，林权清晰、产权明确，林权证已全面下发到户。

　　矛盾冲突：无任何林权纠纷，有利于项目的开展。

　　经营/利用：因大部分均为中幼林，因此并未得到经营和利用，在2008年雪凝灾害后，个别小班进行了雪压木的清理，清理的木材主要卖给地方农户进行新农村建设。

危害：2008 年遭受雪凝灾害，表现为：柳杉断梢和桦木腰折。但由于林分密度整体较大，本次项目将清理出这些断梢木和腰折木，对林分影响不大。

基础设施情况：该森林经营单位的中部有一条油路正在修建，离较远的林分还有 2 公里多，部分自然村寨还没有通村组公路，更没有通往林中的便道，森林经营单位面积相对过大，该森林经营单位内没有合适的可用来运输原木的便道，甚至用于巡护的基础设施也没有。搬运距离很长，而且只限于规格较小的原木。在本次经营活动中主要针对中幼林的抚育间伐，采伐木径级较小，只修一部分运输便道，便于木材搬运出来，其他基础设施如需要将在下一个经营周期再进行补充修建。

林业项目：自 2000 年以来，该森林经营单位区域实施过退耕还林、荒山造林、封山育林等项目，对本次森林经营规划无影响。

（3）森林经营的长期目标（展望 2050 年）

安兴村森林经营单位的森林主要属于防护林。其防护功能对于防止水土流失、流域管理和保护生境具有很高的价值。大量地块仍属于林分发育阶段，天然更新的暂时只有桦木等少量阔叶树种，有待于促进更新。该地区的土壤肥力和气候条件可支持大径级木材生产。由于林分处于中幼年阶段，抚育、人促、间伐等育林措施目前对该林分是非常有必要的，能充分发挥林分的生产潜力。

在森林可持续经营原则和近自然林业方法的框架下，结合森林的历史和现状，规划组通过与森林经营单位代表们的讨论协商，共同确定了如下森林经营目标：一是通过混交形态和林分结构的多样化（通过间伐和抚育措施，促进阔叶树种更新和生长）改善森林的稳定性和健康状况；二是随着林分的生长，增加立木蓄积（可进行合理的少量采伐）；三是通过符合要求的营林间伐措施（通过早期的目标树选择），改善木材质量和提高收获量；四是为森林经营单位稳定提供收入并满足其自身需求。

10 年规划期目标及措施：一是考虑森林的多种功能，尤其是森林对公众的生态效益，促进林分形成混交与异龄结构，尤其是由乡土树种构成，长期的发展方向是天然的森林植物群落（2050 年）；二是森林经营单位级的间伐和采伐量低于生长量，旨在从长远增加蓄积量（到 2050 年的平均目标是 300 立方米/公顷）；三是应用目标树概念来生产高质量的木材，这涉及设定最终择伐的目标树胸径至少为 35 厘米；四是利用天然过程，尤其是尽可能利用天然更新；五是采用降低影响的采伐作业和谨慎的基础设施建设，从而降低成本和减少对立地的影响；六是保护自然的特定土壤生产力，采用不施化肥、不收集枯落物、没有排水装置、不损害土壤结构的集材方法；七是树种构成只存在适应立地的树种，仅优先考虑乡土树种，没有外来树种，树种的混交程度足以维持生态稳定性；八是森林结构能促进异龄和不同胸径组合结构的形成；九是森林更新应当尽可能以较长的轮伐期经营森林，没有大面积的皆伐，只有单株利用或块状、带状采伐，更新方式主要是通过发动和促进天然更新；十是森林病虫害预防，而不是病虫害治理，如果需要治理病虫害，只能采取机械的或生物学的方法，不要使用化学制品，除非不使用就会危及到森林的存亡。

对所有小班分别在不同的年度采取抚育间伐措施。对主林层进行标记（重点是目标树和干扰树）基础上，砍除干扰树，保护目标树；同时，对局部过密的地块，进行适度的间伐，促进阔叶树的天然更新，促使林木均匀分布和生长，密度控制依照《森林经营技术指南》的密度表执行。密度表中的数字应当理解为平均值，可以有10%的上升或下降，依具体的立地条件而定。质量最好的最具活力的林木会被保留下来，树形差、长势弱的林木会被伐除。原则上采伐蓄积强度不得超过20%。

表3 营林规划密度控制参考

平均胸径（厘米）	7	12	17	22	27	32
胸径范围（厘米）	5~9	10~14	15~19	20~24	25~29	30~34
现有（株数/公顷）	2500	1650	1200	900	700	500
伐除（株数/公顷）	850	450	300	200	200	100
保留（株数/公顷）（目标）	1650	1200	900	700	500	400

（4）小班区划

小班的划分基本上按照自然分界、林分条件和营林措施进行。由于林分条件不均匀一致，有时小班按照地物特征来划分。在外业调查过程中，通过林分评估，共划定14个小班，详见表4"小班情况一览表"。

表4 小班情况一览表

小/细班号	小/细班面积（公顷）	森林经营分类	森林经营类型	林分混交	发育阶段	林冠盖度（%）	更新情况（%）	生产潜力	受损程度	受损类型	备注
001	27.4	防护林	乔林	针阔混交林	幼龄	70	0	中	轻微	雪灾	2003年、2004年以退耕为主，主要树种为柳杉、桦木及其他阔叶树
002	25.7	防护林	乔林	针阔混交林	幼龄	40	0	差	轻微	雪灾	2003年、2004年以退耕为主，主要树种为柳杉、桦木及其他阔叶树
003	44.2	防护林	乔林	针阔混交林	幼龄	75	0	中	轻微	雪灾	2002年退耕地造林以柳杉为主，天然桦木为辅
004	41.2	防护林	乔林	针阔混交林	幼龄	80	0	中	轻微	雪灾	2002年退耕地造林，以柳杉为主，天然桦木为辅
005	4.1	用材林	乔林	针叶林	中龄	70	0	好	轻微	雪灾	90年代人工杉木纯林
006	3.8	用材林	乔林	针叶林	中龄	70	0	中	轻微	雪灾	90年代人工杉木纯林
007	17.1	用材林	乔林	针阔混交林	幼龄	70	0	中	轻微	雪灾	2002年以荒山造林为主
008	0.8	防护林	乔林	针叶林	中龄	75	0	好	轻微	雪灾	1988年人工杉木纯林
009	3.5	用材林	乔林	针阔混交林	幼龄	60	0	好	轻微	雪灾	2002年以荒山造林为主

（续）

小/细班号	小/细班面积（公顷）	森林经营分类	森林经营类型	林分混交	发育阶段	林冠盖度（%）	更新情况（%）	生产潜力	受损程度	受损类型	备注
010	3.3	用材林	乔林	针阔混交林	幼龄	70	0	好	轻微	雪灾	2002年以荒山造林为主
011	1.0	用材林	乔林	针阔混交林	幼龄	60	0	好	轻微	雪灾	2002年以荒山造林为主
012	4.1	用材林	乔林	针阔混交林	幼龄	75	0	好	轻微	雪灾	2002年以荒山造林为主
013	6.7	用材林	乔林	针阔混交林	幼龄	65	0	好	轻微	雪灾	1996—1997年以农民自种杉木为主
014	27.1	用材林	乔林	针叶林	幼龄	75	0	中	轻微	雪灾	2002年退耕地造林

大部分林分都是针阔混交林，少部分为针叶纯林，优势树种为柳杉、杉木。林分发育阶段主要为中、幼林（胸径为5~10厘米，林龄5~15年居多）。林分郁闭度基本闭合，但林相不是很好。唯有一个小班郁闭状况较差（002号小班）。

（5）林分组成及结构

通过采用穿越林分目估，并通过有代表性的样圆校准，对林分的组成和结构进行了评价，结果见表5"森林调查结果表"。

表5　森林调查结果表

小/细班号	树种	树高小于2米	树高大于2米胸径1~5厘米之间	胸径5~15厘米之间	胸径15~25厘米之间	胸径25~35厘米之间	胸径大于35厘米	胸径大于5厘米林木株数	胸高断面积（平方米）	平均胸径（厘米）	平均树高（米）	立木蓄积/（立方米/公顷）	目标树（株/公顷）	间伐木（株/公顷）	间伐木平均胸径（厘米）	采伐木平均高（米）	采伐木蓄积（立方米）
001	柳杉	0	900	150	0	0	0		0.5773	7	6	2	0	0	0	0	0
001	桦木	500	1000	100	0	0	0	100	0.3848	7	6	1	0	0	0	0	0
001	其他阔叶树	200	500	100	0	0	0	100	0.3848	7	6	1	0	0	0	0	0
002	其他阔叶树	100	150	120	0	0	0	120	0.4618	7	0	1	0	0	0	0	0
002	柳杉	0	600	120	0	0	0	120	0.4618	7	0	1	0	0	0	0	0
002	桦木	200	400	80	0	0	0	80	0.3079	7	0	1	0	0	0	0	0
003	柳杉	0	1200	250	0	0	0	250	0.9621	7	6	3	0	0	0	0	0
003	桦木	500	800	200	0	0	0	200	0.7697	7	6	2	0	0	0	0	0
003	其他阔叶树	200	500	200	0	0	0	200	0.7697	7	6	2	0	0	0	0	0

（续）

小/细班号	树种	树高小于2米	树高大于2米胸径1~5厘米之间	胸径5~15厘米之间	胸径15~25厘米之间	胸径25~35厘米之间	胸径大于35厘米	胸径大于5厘米林木株数	胸高断面积（平方米）	平均胸径（厘米）	平均树高（米）	立木蓄积（立方米/公顷）	目标树（株/公顷）	间伐木（株/公顷）	间伐木平均胸径（厘米）	采伐木平均高（米）	采伐木蓄积（立方米）
004	柳杉	0	1200	250	0	0	0	250	0.9621	7	6	3	0	0	0	0	0
004	其他阔叶树	150	500	200	0	0	0	200	0.7697	7	6	2	0	0	0	0	0
004	桦木	500	800	200	0	0	0	200	0.7697	7	6	2	0	0	0	0	0
005	杉木	300	300	1700	100	0	0	1800	13.2889	10	7	49	0	0	0	0	0
005	桦木	100	100	100	0	0	0	100	0.3848	7	7	1	0	0	0	0	0
006	杉木	300	300	1700	100	0	0	1800	13.2889	10	7	49	0	0	0	0	0
006	桦木	100	100	100	0	0	0	100	0.3848	7	7	1	0	0	0	0	0
007	杉木	500	600	500	0	0	0	500	2.6704	8	6	8	0	0	0	0	0
007	桦木	300	400	200	0	0	0	200	0.7697	7	6	2	0	0	0	0	0
007	柳杉	100	200	200	0	0	0	200	0.7697	7	6	2	0	0	0	0	0
008	杉木	100	100	1300	200	0	0	1500	15.5116	11	7	50	0	0	0	0	0
009	杉木	600	600	400	0	0	0	400	2.2855	9	6	8	0	0	0	0	0
009	其他阔叶树	500	700	200	0	0	0	200	0.7697	7	6	2	0	0	0	0	0
010	杉木	400	500	500	0	0	0	500	3.4165	9	6	10	0	0	0	0	0
010	其他阔叶树	700	600	400	0	0	0	400	1.5394	7	6	5	0	0	0	0	0
011	杉木	300	500	200	0	0	0	200	0.7697	7	6	2	0	0	0	0	0
011	柳杉	200	500	100	0	0	0	100	0.3848	7	6	1	0	0	0	0	0
011	桦木	400	300	0	0	0	0	0	0	0	6	0	0	0	0	0	0
012	柳杉	0	200	1000	100	0	0	1100	9.1028	10	6	26	0	0	0	0	0
012	杉木	300	400	500	50	0	0	550	3.8053	9	6	10	0	0	0	0	0
012	桦木	200	600	200	0	0	0	200	0.7697	7	6	2	0	0	0	0	0
013	杉木	500	600	1000	100	0	0	1100	7.6105	9	6	21	0	0	0	0	0
013	其他阔叶树	200	500	300	0	0	0	300	1.1545	7	6	3	0	0	0	0	0
014	柳杉	100	1000	1000	0	0	0	1000	3.8484	7	6	12	0	0	0	0	0
014	其他阔叶树	100	200	300	0	0	0	300	1.1545	7	6	3	0	0	0	0	0

以上结果显示这些小班大部分处于中、幼林阶段，胸径分布范围较小，树种结构主要

为针阔混交林，但大部分林分还是以针叶树为主，阔叶树比例较少，以柳杉、杉木为主。

（6）小班营林规划

下表对各个小班在 10 年期内应采取的经营措施逐一提供了建议。该建议重点强调第一个 5 年的内容，5 年过后应重新对各个小班进行评估，必要时应进行修订。

采伐蓄积的估算建立在当前调查评估的基础上，将在作业设计的过程中，在林木标记时得到准确的评估和计算。下一个 5 年期间的采伐蓄积估算只是一个指示性的数字，未考虑林木的此期间的生长量。详见表 6 "各小班拟采取的措施一览"。

表 6　各小班拟采取的措施一览

森林经营单位编号	小/细班号	小/细班面积（公顷）	年度	营林措施	作业面积（公顷）	保留木（株/公顷）	采伐木（株/公顷）	采伐蓄积（立方米/公顷）	采伐木总蓄积量（立方米）	特别说明
5224221304001	001	27.4	2013	抚育	21.9	2000	0	0	0	调整密度
5224221304001	001	27.4	2018	间伐1	21.9	1600	400	8	175	调整密度
5224221304001	002	25.7	2013	自然恢复	25.7	0	0	0	0	保持现状
5224221304001	002	25.7	2018	抚育	25.7	0	0	0	0	调整密度
5224221304001	003	44.2	2013	抚育	35.4	2500	0	0	0	调整密度
5224221304001	003	44.2	2018	间伐1	35.4	2000	500	10	354	调整密度，进一步促进目标树生长
5224221304001	004	41.2	2013	抚育	33	2500	0	0	0	调整密度
5224221304001	004	41.2	2018	间伐1	33	2000	500	10	330	调整密度，进一步促进目标树生长
5224221304001	005	4.1	2013	间伐1	3.3	1500	400	9	30	间伐部分分布过密地块及目标村四周
5224221304001	005	4.1	2018	间伐1	3.7	1200	300	7	26	间伐部分分布过密地块及目标村四周
5224221304001	006	3.8	2013	间伐1	3.4	1500	400	9	31	间伐部分分布过密地块及目标村四周
5224221304001	006	3.8	2018	间伐1	3.4	1200	300	7	24	间伐部分分布过密地块及目标村四周
5224221304001	007	17.1	2013	抚育	14.5	2000	0	0	0	调整密度
5224221304001	007	17.1	2018	间伐1	14.5	1600	400	8	116	间伐部分过密地块及目标树四周
5224221304001	008	0.8	2013	间伐1	0.7	1200	300	8	6	间伐部分过密地块及目标树四周
5224221304001	008	0.8	2018	间伐2	0.7	1000	200	8	6	间伐部分过密地块及目标树四周
5224221304001	009	3.5	2013	抚育	3	2000	0	0	0	调整密度

（续）

森林经营单位编号	小/细班号	小/细班面积（公顷）	年度	营林措施	作业面积（公顷）	保留木（株/公顷）	采伐木（株/公顷）	采伐蓄积（立方米/公顷）	采伐木总蓄积量（立方米）	特别说明
5224221304001	009	3.5	2018	间伐1	3	1600	400	8	24	间伐部分过密地块及目标树四周
5224221304001	010	3.3	2013	抚育	2.8	2000	0	0	0	调整密度
5224221304001	010	3.3	2018	间伐1	2.8	1600	400	8	22	间伐部分过密地块及目标树四周
5224221304001	011	1.0	2013	抚育	0.8	2000	0	0	0	调整密度
5224221304001	011	1.0	2018	间伐1	0.8	1600	400	8	6	间伐部分过密地块及目标树四周
5224221304001	012	4.1	2013	抚育	3.5	2000	0	0	0	调整密度
5224221304001	012	4.1	2018	间伐1	3.5	1600	400	8	28	间伐部分过密地块及目标树四周
5224221304001	013	6.7	2013	抚育	5.4	2000	0	0	0	调整密度
5224221304001	013	6.7	2018	间伐1	5.7	1600	400	8	46	间伐部分过密地块及目标树四周
5224221304001	014	27.1	2013	抚育	21.7	2000	0	0	0	调整密度
5224221304001	014	27.1	2018	间伐1	21.7	1600	400	8	174	间伐部分过密地块及目标树四周

从上表可以看出，总体采伐量不是很大，因为大部分林分处于中、幼林阶段，密度较大，急需安排抚育，以调整密度为主。大部分林分还需进一步恢复。详见表7"各年度营林措施面积汇总表"。

表7 各年度营林措施面积汇总表　　单位：公顷

营林措施	总面积	2013年	2018年
自然恢复	25.7	25.7	
间伐2	0.7		0.7
抚育	167.7	142	25.7
间伐1	156.8	7.4	149.4

表8 各年度采伐蓄积汇总表　　单位：立方米

营林措施	采伐总蓄积	2013年	2018年
自然恢复	0	0	
间伐2	6		6
抚育	0	0	0
间伐1	1391	66	1325

计划的总采伐蓄积相当于 6.65 立方米/公顷或者 0.67 立方米/公顷·年，占目前立木蓄积量的 62.5%。就目前而言，这个采伐比例有点偏高，采伐主要针对弱势木等进行采伐，对部分林分较密地块以及目标树四周进行间伐，实际采伐蓄积量远远小于理论值，大部分林分还需进一步进行恢复。大部分的采伐量规划在第二次采伐的时候进行，第二次采伐的时候林木还有一定的生长空间，该森林经营单位的森林已经大部分规划为防护林，但该间伐量还是准备在森林经营方案修订期间进行详细规划。采伐蓄积会根据生长量略作调整，每公顷采伐量不高于 20 立方米。总的立林蓄积的增加应该不会受到采伐量所影响。

所有的营林措施和相应的蓄积结果均已在本方案第二部分的"林分描述、规划及记录表"中详细记录。

3. 劳力及资金投入概算。详见表 9"各小班规划所涉及的劳务补助一览表"。

表 9　各小班规划所涉及的劳务补助一览表

编号	小班/细班号	年度	营林措施	总株数	劳力(人天数)	单位	单价(元)	作业面积(公顷)	劳务费(元)
5224221304001	001	2013	抚育	0	329	公顷	1200	21.9	26280
5224221304001	001	2018	间伐 1	8760	333	株	3	21.9	26280
5224221304001	002	2013	自然恢复	0	10	公顷	30	25.7	771
5224221304001	002	2018	抚育	0	386	公顷	1200	25.7	30840
5224221304001	003	2013	抚育	0	531	公顷	1200	35.4	42480
5224221304001	003	2018	间伐 1	17700	673	株	3	35.4	53100
5224221304001	004	2013	抚育	0	495	公顷	1200	33	39600
5224221304001	004	2018	间伐 1	16500	627	株	3	33	49500
5224221304001	005	2013	间伐 1	1320	50	株	3	3.3	3168
5224221304001	005	2018	间伐 1	1110	42	株	3	3.7	2664
5224221304001	006	2013	间伐 1	1360	52	株	3	3.4	3264
5224221304001	006	2018	间伐 1	1020	39	株	3	3.4	2448
5224221304001	007	2013	抚育	0	218	公顷	1200	14.5	17400
5224221304001	007	2018	间伐 1	5800	220	株	3	14.5	17400
5224221304001	008	2013	间伐 1	210	8	株	3	0.7	504
5224221304001	008	2018	间伐 2	140	5	株	3	0.7	336
5224221304001	009	2013	抚育	0	45	公顷	1200	3	3600
5224221304001	009	2018	间伐 1	1200	46	株	3	3	3600
5224221304001	010	2013	抚育	0	42	公顷	1200	2.8	3360
5224221304001	010	2018	间伐 1	1120	43	株	3	2.8	3360
5224221304001	011	2013	抚育	0	12	公顷	1200	0.8	960
5224221304001	011	2018	间伐 1	320	12	株	3	0.8	960
5224221304001	012	2013	抚育	0	53	公顷	1200	3.5	4200
5224221304001	012	2018	间伐 1	1400	53	株	3	3.5	3360
5224221304001	013	2013	抚育	0	81	公顷	1200	5.4	6480
5224221304001	013	2018	间伐 1	2280	87	株	3	5.7	6840
5224221304001	014	2013	抚育	0	326	公顷	1200	21.7	26040
5224221304001	014	2018	间伐 1	8680	330	株	3	21.7	26040

（1）劳动力需求

表 10　劳动力需求及营林措施及年度估算表　　　　单位：天

营林措施	劳动天数合计	2013 年	2018 年
自然恢复	10	10	
间伐 2	5		5
抚育	2516	2130	386
间伐 1	2614	110	2504

（2）资金需求

表 11　各营林措施劳务补助按年度分布情况　　　　单位：元

营林措施	总计	2013 年	2018 年
自然恢复	771	771	
间伐 2	336		336
抚育	201240	170400	30840
间伐 1	202488	6936	195552

4. 其他杂项计划

（1）基础设施规划

该森林经营单位的中部有一条通村公路正在修建，离较远的林分还有 2 公里多，部分自然村寨还没有通村组公路，部分林区没有通往林中的便道，森林经营单位面积相对过大，该森林经营单位内部分小班没有合适的可用来运输原木的便道，甚至用于巡护的基础设施也没有如（003、004 号小班）。搬运距离很长，而且只限于规格较小的原木。为便于森林经营单位的经营管理和日常管护，在本次经营活动中，在 004 号小班等规划 5 公里运输便道，便于木材搬运、森林巡查管护，其他基础设施如需要将在下一个经营周期进行补充修建。

表 12　基础设施规划和建设成本

编号	基建名称	计划数量	单位成本	总成本	备注
1	运输便道	5公里	6 元/米	30000 元	

（2）保护方案

森林经营单位负责保护其森林。这也是项目资助其进行森林经营的前提。已发现的该森林的主要威胁是：一是雪害（轻微），二是滥伐（轻微）。针对上述威胁，计划了下列保护措施。

卫生控制：目前没有发现病虫危害。如果发现受感染的林木，需要立即清出林外。为了提高森林的健康程度，最好的预防措施是建立稳定的混交林分结构（长期森林经营目标）。及时的间伐也可提高单株林木的强壮程度和健康状况。因此，对中幼林有必要进行适当间伐，以提高其稳定性的健康状况。

边界标记及维护：森林通常是按地物特征（山脊、河流）或者森林与农地的交界线来分界的，所以边界足够清楚。有不清楚的边界时可用石碑或者树木来进行分界。

标牌：在林区的入口，应在新建的油路边上竖立 1 个标牌，以公示项目森林经营方案所涉及的营林活动以及保护规章（如果可能的话，另一边入口也竖立标牌。）

巡护：森林经营单位至少每周对森林进行巡护两次，以防止非法采伐和其他损坏或者风险。应该对巡护进行记录（巡护人姓名和日期），并将所观察到的森林损害情况和违法行为报告林业部门。

防火：该森林经营单位地处两个乡的交接，森林防火任务较重，森林经营委员会/森林经营单位的成员有义务预防火灾以及在发生火灾时进行扑救。

发放森林保护规定：森林保护规定将制作成传单，散发给森林经营委员会/森林经营单位的成员以及邻近村寨的农户。详见表 13 "森林保护方案成本及投资计划"。

表 13　森林保护方案成本及投资计划

描述	单位	单位成本（元）	数量	重复	支付	总费用（元）		
						项目	森林经营单位	合计
划定边界：								
建立边界步道	米	3	1	1	项目	0		0
边界步道维护	米	0.2	10	10	森林经营单位		0	0
边界树标记：油漆	株	20	2	1	项目	0		0
边界树标记：劳力	株	50	2	2	森林经营单位		0	0
边界石：材料	个	50	1	1	项目	0		0
边界石：竖立	个	1	1	1	森林经营单位		0	0
小计：边界划定						0	0	0
标志牌：								
标志牌制作和运输	个	1000	1	1	项目	1000		1000
竖立	个	10	1	5	森林经营单位		50	50
维护	半天	20			项目			0
小计：标牌						1000	50	1050
巡逻：								
护林员	30 半天/月	750	0	10	森林经营单位		0	0
小计：巡逻						0	0	0

（续）

描述	单位	单位成本（元）	数量	重复	支付	总费用（元）		
						项目	森林经营单位	合计
森林保护规定的散发：								
印刷	200 张	200	2	2	项目	800		800
分发	天	50	2	2	森林经营单位		200	200
小计：保护规定材料的散发						800	200	1000
每个森林经营单位的单位总费用：						1800	250	2050

5. 资金总计划

主要包括以下内容：森林经营补助费、树木标注费、规划补助费、采伐工具费和森林经营单位管理费用等。森林经营补助费：404835 元（根据软件生成预计的森林补助经费），树木标注费：34000 元〔按 0.45 元/株进行计算所得预计的树木标注费（含油漆费用）〕，规划补助费：1575 元（按 7.5 元/公顷计算，以森林经营单位有形面积进行计算），银行手续费：600 元（按 60 元/年，以 10 年进行计算的），基础设施建设费：30000元（按分支道 6 元/米进行计算，预计 5000 米），森林保护费：2050 元（根据森林保护方案成本及投资计划），采伐工具费：5000 元（根据《费用与投资》计划进行估算），森林经营单位办公运行费：29400 元（按 14 元/公顷/年进行计算），奖励与补偿：5685 元（按18 元/公顷进行计算，预计有可能的合格面积），合计：513145 元。

二、林分描述、规划及记录表

林分描述及规划

县	乡(镇)	村	经营单位	经营单位编码	面积(公顷)	经营分类			
大方县	高店乡	安兴村	安兴森林经营单位	522422130400101 01	27.4	防护林			
管理目标：2003—2004 年退耕还林为主,主要树种有柳杉、桦木及其他阔叶树,选育以保证质量及混交									

细班描述

海拔(米)：	1340	坡向：	北	坡度范围：	大于 30°	母岩：	砂页岩	土壤类型：	黄壤	土层厚度（厘米）：	10～30
生产潜力：	中	森林经营类型：	乔木	混交状态：	针阔混交	起源：	人工造林	发育阶段：	幼龄	年龄：	10～15
林冠盖度（％）：	70	更新情况(％)：		受损程度：	轻微	受损类型：	雪灾			平均年龄	13

相邻区域描述:										
东:	营兴一组耕地	南:	安兴村荒山	西:	安兴六组退耕地	北:	营兴一组耕地			

细班调查

树种	树高小于2米（株/公顷）	按径阶分类					总株数 D>4厘米	胸径（厘米）	平均树高（米）	蓄积（立方米/公顷）	目标树（株/公顷）	采伐木（株/公顷）
		1~4厘米	5~14厘米	15~24厘米	25~34厘米	>35厘米						
柳杉	0	200	1000	0	0	0	1000	8	6	10	0	0
桦木	100	200	400	0	0	0	400	9	60	0	0	0
其他阔叶树	100	200	400	0	0	0	400	9	8	0	0	0
合计	200	600	1800	0	0	0	1800	8.5	60	31	0	0

规划

年度	营林活动	面积（公顷）	保留木（株/公顷）	采伐木（株/公顷）	蓄积（立方米/公顷）	备注
2013	抚育	21.9	2000	0	0	
2016	间伐1	21.9	1600	200	4	

实施

日期	措施	实施面积（公顷）	实施数量（株/公顷）	总采伐蓄积（立方米）	备注
2013.7.25	抚育	19.8	0	0	
2016.8.31	间伐	21.9	4300	0	

林分描述及规划

县	乡(镇)	村	经营单位	经营单位编码	面积（公顷）	经营分类			
大方县	高店乡	安兴村	安兴森林经营单位	522422130400101 02	25.7	防护林			
管理目标：	2003—2004年退耕还林为主，主要树种有柳杉、桦木及其他阔叶树，选育以保证质量及混交								

细班描述

海拔（米）：	1320	坡向：	北	坡度范围：	大于30°	母岩：	砂页岩	土壤类型：	黄壤	土层厚度（厘米）：	10~30
生产潜力：	差	森林经营类型：	乔木	混交状态：	针阔混交	起源：	人工造林	发育阶段：	幼龄	年龄：	8~30
林冠盖度（%）：	70	更新情况（%）：	0	受损程度：	轻微	受损类型：	雪灾			平均年龄：	10
相邻区域描述：											
东：	营兴一组耕地	南：	营兴五、六组耕地	西：	营兴五、六组耕地	北：	营兴一组耕地				

细班调查

树种	树高小于2米（株/公顷）	按径阶分类					总株数 D>4厘米	胸径（厘米）	平均树高（米）	蓄积（立方米/公顷）	目标树（株/公顷）	采伐木（株/公顷）
		1~4厘米	5~14厘米	15~24厘米	25~34厘米	>35厘米						
柳杉	0	100	600	0	0	0	600	8	6	9	0	0
桦木	100	200	400	0	0	0	400	10	6	9	0	0
其他阔叶树	100	100	400	0	0	0	400	10	6	9	0	0
合计	200	400	1400	0	0	0	1400	9.2	6	27	0	0

规划

年度	营林活动	面积（公顷）	保留木（株/公顷）	采伐木（株/公顷）	蓄积（立方米/公顷）	备注
2013	自然恢复	25.7	0	0	0	保持现状
2016	间伐	120.6	0	0	0	调整密度

实施

日期	措施	实施面积（公顷）	实施数量（株/公顷）	总采伐蓄积（立方米）	备注
2013.5.27	自然恢复	0	0	0	
2016.8.31	间伐	120.6	5400	0	

其他小班林分描述及规划（略）

三、规划图

详见中德财政合作贵州林业项目大方县高店乡安兴村森林经营规划图。

中德财政合作贵州林业项目大方县高店乡安兴村森林经营规划图

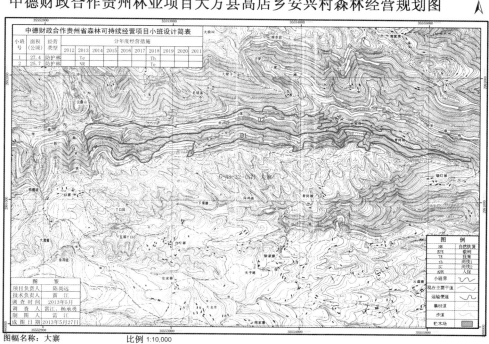

图幅名称：大寨　　　　比例 1:10,000

中德财政合作贵州林业项目大方县高店乡安兴村森林经营规划图

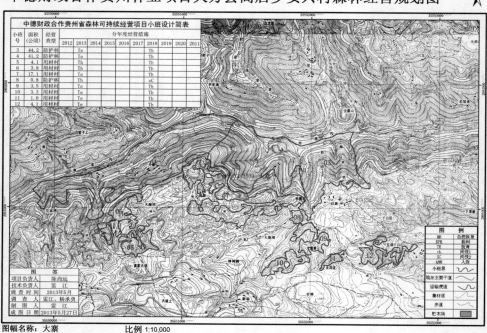

小班号	面积(公顷)	经营类型	分年度经营措施									
			2012	2013	2014	2015	2016	2017	2018	2019	2020	2011
3	44.2	防护林							Th			
4	41.2	防护林	Te						Th			
5	4.1	用材林							Th			
6	3.8	用材林	Th						Th			
7	17.1	用材林	Th						Th			
8	0.8	防护林	Th						sC			
9	3.5	用材林	Th						Th			
10	3.3	用材林	Te						Th			
11	1.0	用材林	Te						Th			
12	4.1	用材林	Te						Th			

图幅名称：大寨　　　比例 1:10,000

中德财政合作贵州林业项目大方县高店乡安兴村森林经营规划图

小班号	面积(公顷)	经营类型	分年度经营措施									
			2012	2013	2014	2015	2016	2017	2018	2019	2020	2011
13	6.7	用材林	Te					Th				
14	27.1	防护林	Te					Th				

图幅名称：大寨　　　比例 1:10,770

第二节／木杉戛村高坡森林经营方案（案例）

（2010 年 8 月制定，规划期：2010—2020 年）

一、森林经营规划

1. 森林经营单位概述

（1）位置。该森林经营单位地处东经 106°17′47″~106°18′33″、北纬 27°32′47″~27°33′37″之间，行政区划上隶属于金沙县安洛乡木杉戛村的高坡村民组。见下图。

中德财政合作林业项目金沙县安洛乡木杉戛村高坡森林经营单位规划图

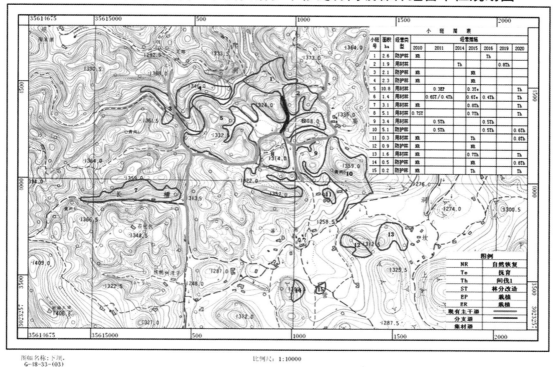

位置图（包括县、乡、村，道路，河流，北向等因子）

（2）机构特征。森林经营委员会组建于 2010 年 7 月 27 日。该经营单位区域内涉及 48 户（派出所口径）180 人，民族为汉族、满族、苗族。总农户数为 39 户，其中常住农户数 39 户。村民年人均纯收入 1800 元，主要经济来源依次为外出务工、种植、养殖。该森林经营单位的组织形式为联户。

（3）森林资源。森林经营单位规划面积为 41.3 公顷，森林资源情况见下表。

表 1　森林资源统计表

森林经营单位面积统计	高坡森林经营单位	小班数量	森林经营单位总面积（公顷）	有立木总面积（公顷）	无立木总面积（公顷）
		15	41.3	41.3	0

按森林功能

森林经营分类	小班数量	面积合计（公顷）	占比（%）	总蓄积（立方米）	单位蓄积（立方米/公顷）
防护林	7	13.7	33	302	22
用材林	8	27.6	67	880	32
合计	15	41.3	100	1182	29

按发育阶段

森林经营分类	小班数量	面积合计（公顷）	占比（%）	总蓄积（立方米）	单位蓄积（立方米/公顷）
幼龄	3	5.6	14	18	3
中龄	12	35.7	86	1164	33
合计	15	41.3	100	1182	29

按森林经营类型

	小班总面积	乔林总面积	混乔矮林总面积	矮林	无立木面积
面积（公顷）	41.3	38.1	3.2	0	0
占比（%）	100	92	8	0	0

按林分混交的面积

	小班总面积	针叶林总面积	阔叶林总面积	针阔混交林总面积	
面积（公顷）	41.3	0	10.2	31.1	
占比（%）	100	0	25	75	

按立地质量，有立木面积

	小班总面积	好	中	差	无生产力
面积（公顷）	41.3	0	37.1	4.2	0
占比（%）	100	0	90	10	0
受损类型	面积（公顷）	占比（%）			
雪灾	32.6	79			

　　由于全部林分处于中幼林阶段，平均立木蓄积相对较低。主要的树种为栎类、桦木等阔叶树。与其混交的树种主要包括马尾松、杉木等。部分林分下面具有良好的灌木覆盖层。森林经营单位的森林被划分为商品林和重点公益林，除坡度在25°以上的小班外，绝大部分林分的土壤和气候条件可以生产大、中径级木材，适宜进行商品林经营。由于林分处于幼年阶段以及经营不当，目前林分生产潜力未能充分发挥。

　　（4）自然条件。该森林经营单位以山地为主，地貌以低中山为主，多数小班坡度在25°左右。海拔范围为1260~1350米。土壤多为砂页岩发育的黄壤，少量为石灰岩发育的石灰土，黄壤土层厚度一般在40~80厘米，生产潜力好；石灰土土层厚一般在25~40厘米，生产潜力差。境内气候湿润温和，属亚热带季风气候，年均气温10℃左右，降水量为

1073 米左右。

2. 森林经营方案

（1）方法及参与人员。本森林经营方案于 2010 年 8 月 25～31 日期间，按照森林经营方案编制指南（2009 年 10 月版）的方法和要求，采用参与式方法调查编制。外业调查及规划的基本方法是进行高强度的林分踏查，并在此过程中通过目测估计以及样地验证的方法对林分结构进行评估。参加调查和编案的人员如下表。

表 2　调查及编采人员

	天数	技术员	森林经营单位参加人
外业调查期间	2	敖光鑫、廖祥志、杨碧、余勇、毛永祥	唐学军、宋华敏、王华军
内业期间	5	杨碧、敖光鑫、廖祥志、余勇、毛永祥	

本方案中关于劳动力及资金需求的概算依据为项目《执行计划》（2009 年 09 月）和《费用与投资计划》（2009 年 09 月）。技术措施依据为项目《营林指南》。

（2）森林经营的历史及现状。一是起源：主要是天然更新的栎类、桦木等林分，另外有少量人工起源的马尾松、柳杉林分，经营类型为商品林。二是权属和林改：1981 年分山到户，2008 年底全面完成集体林权制度改革，林权证已发放到户。三是矛盾冲突：没有边界纠纷。四是经营与利用：1981 年分山以后，农户对其森林不时进行无序的采伐，以坑木为主，大部分木材销售到县内煤矿，也有一部分用于房屋和圈舍的修建以及家具加工。五是危害：2008 年遭受雪凝灾害，总体中度受灾，个别地块灾情严重。六是基础设施情况：除了个别小班一些步道外，森林经营单位没有合适的运输原木，甚至用于巡护的基础设施。七是林业项目：自 2000 年以来，该森林经营单位区域实施过天然林资源保护项目和退耕还林工程，目前仍在实施，对本次森林经营规划无影响。

（3）森林经营目标。一是长期目标。通过混交和结构的多样化（利用间伐和抚育措施，促进阔叶树种更新和生长）改善森林的稳定性和健康状况；随着林分的生长，增加立木蓄积；通过符合要求的森林培育间伐措施（通过早期的目标树选择），改善木材质量和收获量；从木材销售得到持续的收入和满足森林经营单位自己的需求。二是 10 年规划期目标及措施：在森林经营单位一级，混交林（至少有 3 种树种，至少有 70% 的阔叶树）是一个明确的短期目标；森林经营单位一级在 10 年期内的间伐与采收量不能高于 10 年期内的生长量；必须保护森林土壤，尽可能使其免受侵蚀、板结或其他形式的干扰（如收集枯落物、放牧）；对小班采取抚育间伐措施。在对主林层进行标记（重点是目标树和干扰树）的基础上，砍除干扰树，保护目标树；对局部过密的地块，进行适度的间伐，促进阔叶树的天然更新，促使林木均匀分布和生长，密度控制依照营林指南的密度表执行。密度表中的数字应当理解为平均值，可以有 10% 的上升或下降，依具体的立地条件而定。质量最好的最具活力的林木会被保留下来，树形差、长势弱的林木会被伐除。原则上采伐蓄积强度不得超过 20%；对小班采取人工促进天然更新，促使其尽快形成混交林分。通过杜绝放牧、用火、采伐薪材来严格保护和谨慎行使人工措施促进天然更新。具体活动为块状除杂，如有必要，清除干扰性的灌木和攀缘植物；对小班采取幼林抚育措施，以低强度方式调整幼林混交结构，促进幼林生长和保证质量。如果幼林密度超过 2500 株/公顷，可以通过伐除干形差的、弯曲的树和老狼树，来降低该幼林的密度。注意不能把质量好的林木伐除了。对小班采取栽植。

表 3　营林规划密度控制参考

平均胸径（厘米）	7	12	17	22	27	32
胸径范围（厘米）	5~9	10~14	15~19	20~24	25~29	30~34
现有（株数/公顷）	2500	1650	1200	900	700	500
伐除（株数/公顷）	850	450	300	200	200	100
保留（株数/公顷）（目标）	1650	1200	900	700	500	400

（4）小班区划。小班的划分基本按照林分的条件和培育措施。由于林分的条件不均匀一致，有时小班也按照地形地貌特点来划分。在外业调查过程中，通过林分评估，共划定 15 个小班，如表 4 "小班情况一览表" 所示。

表 4　小班情况一览表

小细班号	小/细班面积（公顷）	森林经营分类	林分混交	发育阶段	林冠盖度（%）	更新情况（%）	生产潜力	受损程度	受损类型	备　　注
01	2.6	防护林	针阔混交林	幼龄	30	20	差	轻微	雪灾	立地条件差，属 2002 年退耕还林工程栽植，以柳杉为主，可采取自然恢复
02	1.9	用材林	针阔混交林	中龄	60	70	中	中等	雪灾	属于人工促进天然更新林，以栎类等阔叶树为主，阔叶林占 70%，松等针叶树占 30%
03	2.1	防护林	针阔混交林	幼龄	50	20	中	轻微	雪灾	该林分属 2002 年退耕还林
04	2.3	防护林	阔叶林	中龄	0	5	中	中等	雪灾	该小班属灌木林地、坡度陡、立地条件差，不适合开展经营活动
05	10.8	用材林	针阔混交林	中龄	60	40	中	中等	雪灾	该林分有 30% 火烧迹地（2009 年冬天）、45%针阔混交林、20%灌木林地、5%退耕地、立地条件好
06	1.4	用材林	针阔混交林	中龄	50	60	中	中等	雪灾	属天然林，主林层以针叶树为主
07	3.1	用材林	针阔混交林	中龄	60	30	中	轻微	雪灾	属人工造林，2002 年退耕还林所造林，柳杉占 60%，杨树占 40%

（续）

小/细班号	小/细班面积（公顷）	森林经营分类	林分混交	发育阶段	林冠盖度（%）	更新情况（%）	生产潜力	受损程度	受损类型	备　注
08	5.1	用材林	针阔混交林	中龄	0	0	中	中等	雪灾	属于人工促进天然更新林，30%的灌木林地，70%的乔木林地
09	3.4	用材林	针阔混交林	中龄	70	40	中	中等	雪灾	属于人工促进天然更新林，阔叶林占50%，针阔混交占50%
10	5.1	防护林	阔叶林	中龄	60	50	中	中等	雪灾	以阔叶树为主，天然阔叶林地占90%，退耕地占小班面积10%，立地条件差
11	0.3	用材林	阔叶林	中龄	70	60	中	中等	雪灾	属于人工促进天然更新林，立地条件好，以阔叶树为主
12	0.9	防护林	阔叶林	幼龄	30	10	差	轻微	雪灾	立地条件差，属于人工促进天然更新林，阔叶树以白杨、杂灌等为主
13	1.6	用材林	阔叶林	中龄	70	60	中	中等	雪灾	属于人工促进天然更新林，自然更新强，以阔叶树为主
14	0.5	防护林	针阔混交林	中龄	70	50	差	中等	雪灾	属于2003年人工造林，立地条件差，以阔叶树为主，占95%，有5%的林分为针叶树
15	0.2	防护林	针阔混交林	中龄	50	50	差	中等	雪灾	属于2000年人工造林，以阔叶树为主，占95%，另有5%的针叶树
合计	41.3									

　　大部分林分都是阔叶纯林，优势树种为栎类、桦木等。林分发育阶段主要为中龄林（胸径为5~14厘米，林龄5~25年）。林分郁闭度0.3~0.6之间，特别是少量幼林仍处于未郁闭状况。平均郁闭度大约为0.45。

　　（5）林分组成及结构。通过采用高强度的林分踏查和样圆实测、目测相结合的调查方式，对林分的组成和结构的评价结果如下。

表5　林分组成及结构

小/细班号	树种	树高小于2米	树高大于2米胸径1~5厘米之间	胸径5~15厘米之间	胸径15~25厘米之间	胸径25~35厘米之间	胸径大于35厘米	胸径大于5厘米林木株数	胸高断面积（平方米）	平均胸径（厘米）	平均树高（米）	立木蓄积（立方米/公顷）	目标树（株/公顷）
01	栎类	450	1500	100	0	0	0	100	0.38	7.00	4	1.00	0
01	柳杉	100	600	0	0	0	0	0	0.00	0.00	3	0.00	0
01	马尾松	150	100	0	0	0	0	0	0.00	0.00	3	0.00	0

（续）

小/细班号	树种	树高小于2米	树高大于2米胸径1~5厘米之间	胸径5~15厘米之间	胸径15~25厘米之间	胸径25~35厘米之间	胸径大于35厘米	胸径大于5厘米林木株数	胸高断面积（平方米）	平均胸径（厘米）	平均树高（米）	立木蓄积（立方米/公顷）	目标树（株/公顷）
02	栎类	1300	1050	800	0	0	0	800	4.20	8.00	6	12.00	0
02	马尾松	400	150	250	50	0	0	300	2.47	10.00	8	9.00	0
02	枫香	100	250	100	0	0	0	100	0.38	7.00	6	1.00	0
03	柳杉	25	125	250	0	0	0	250	0.96	7.00	5	2.00	0
03	栎类	75	200	200	0	0	0	200	0.77	7.00	7	3.00	0
03	马尾松	25	50	50	0	0	0	50	0.19	7.00	6	1.00	0
04	其他阔叶树	400	500	200	0	0	0	200	0.77	7.00	0	2.00	0
05	栎类	880	620	1360	0	0	0	1360	6.73	8.00	7	24.00	0
05	杉木	80	0	240	0	0	0	240	1.22	8.00	5	3.00	0
05	马尾松	0	80	20	0	0	0	20	0.08	7.00	6	0.00	0
06	栎类	1600	2500	950	0	0	0	950	4.40	8.00	6	14.00	0
06	马尾松	500	150	100	50	0	0	150	1.89	13.00	9	9.00	0
06	杉木	300	0	0	0	0	0	0	0.00	0.00	0	0.00	0
07	其他阔叶树	250	850	1000	50	0	0	1050	7.22	9.00	7	23.00	0
07	柳杉	150	0	550	0	0	0	550	2.49	8.00	6	8.00	0
07	柏木	0	200	0	0	0	0	0	0.00	0.00	3	0.00	0
08	栎类	1320	1680	740	20	20	0	780	5.64	10.00	7	21.00	0
08	马尾松	40	0	80	0	0	0	80	0.76	11.00	8	3.00	0
08	杉木	80	100	60	0	0	0	60	0.23	7.00	5	1.00	0
09	栎类	1425	1900	700	0	0	0	700	4.93	9.00	7	16.00	0
09	马尾松	275	400	425	25	0	0	450	2.76	9.00	9	13.00	0
09	杉木	0	0	50	0	0	0	50	0.38	10.00	8	2.00	0
10	栎类	640	1060	1160	60	0	0	1220	9.26	10.00	10	48.00	0
10	杨树	20	360	100	0	0	0	100	0.68	9.00	10	3.00	0
10	杉木	40	60	40	0	0	0	40	0.15	7.00	3	0.00	0
10	马尾松	100	40	0	0	0	0	0	0.00	0.00	3	0.00	0
11	栎类	1400	400	900	500	0	0	1400	17.05	12.00	12	95.00	0
12	栎类	300	500	300	0	0	0	300	1.15	7.00	0	3.00	0
13	栎类	1500	1000	300	100	150	0	550	16.59	20.00	11	95.00	0
13	枫香	0	0	50	0	0	0	50	0.57	12.00	9	3.00	0
14	杨树	1000	600	1000	0	0	0	1000	7.58	10.00	0	27.00	0
14	柳杉	200	0	0	0	0	0	0	0.00	0.00	0	0.00	0
15	杨树	1300	800	800	0	0	0	800	5.32	9.00	9	23.00	0
15	柏木	0	400	200	0	0	0	200	2.26	12.00	6	7.00	0
15	马尾松	0	100	0	0	0	0	0	0.00	0.00	8	0.00	0

（6）小班营林规划。下表对各个小班在 10 年期内应采取的经营措施逐一提供了建议。该建议重点强调第一个 5 年的内容，5 年过后应重新对各个小班进行评估，必要时应进行修订。

表 6 营林规划一览表

小/细班号	年度	营林措施	作业面积（公顷）	保留木（株/公顷）	采伐木（株/公顷）	采伐蓄积（立方米/公顷）	采伐木总蓄积量（立方米）	特别说明
01	2010	自然恢复	2.6	0	0	0	0	注意保护森林，禁止牲畜进入、开荒等破坏森林活动
01	2016	间伐 1	2.6	1650	400	5	13	在实施过程中注意保护弱势树种
02	2014	间伐 1	1.9	1650	300	7	13	在实施过程中注意保护弱势树种
02	2019	间伐 1	1.5	1350	300	7	10	在实施过程中注意保护弱势树种
03	2010	自然恢复	2.1	0	0	0	0	注意保护森林，禁止牲畜进入或人为的开荒等破坏森林活动
03	2015	自然恢复	2.1	0	0	0	0	注意保护森林，禁止牲畜进入或人为的开荒等破坏森林活动
04	2010	自然恢复	2.3	0	0	0	0	注意保护森林，禁止牲畜进入林区和人为开荒等破坏森林活动
04	2015	自然恢复	2.3	0	0	0	0	注意保护森林，禁止牲畜进入林区和人为开荒等破坏森林活动
05	2011	栽植	3.2	2500	0	0	0	在实施过程中注意保护原有树种或弱势树种
05	2015	抚育	3.2	1650	300	0	0	在实施过程中注意保护针叶等弱势树种
05	2020	间伐 1	10.8	1200	300	7	76	在实施过程中注意保护针叶等弱势树种
06	2011	间伐 1	0.6	1650	350	8	5	在实施过程中注意保护弱势树种
06	2011	林分改造	0.8	2500	0	0	0	清除原有植被，重新造林
06	2015	抚育	0.8	2500		0	0	在实施过程中注意保护弱势树种，禁止人为开荒等破坏活动
06	2016	间伐 1	0.6	1200	300	7	4	在实施过程中注意保护弱势树种
06	2020	间伐 1	1.4	1500	300	7	10	在实施过程中注意保护弱势树种
07	2010	自然恢复	3.1	0	0	0	0	注意保护森林，禁止牲畜进入林区或人为的开荒等破坏森林活动
07	2015	间伐 1	2.5	1650	300	7	18	在实施过程中注意保护弱势树种
07	2020	间伐 1	3.1	1200	300	7	22	在实施过程中注意保护弱势树种
08	2010	林分改造	3.6	0	0	0	0	清除原有植被，重新造林
08	2015	抚育	3.6	2500	0	0	0	在实施过程中注意保护弱势树种
08	2020	间伐 1	5.1	1650	400	9	46	在实施过程中注意保护弱势树种

（续）

小/细班号	年度	营林措施	作业面积（公顷）	保留木（株/公顷）	采伐木（株/公顷）	采伐蓄积（立方米/公顷）	采伐木总蓄积量（立方米）	特别说明
09	2011	间伐1	1.7	1650	300	8	14	在实施过程中注意保护弱势树种
09	2016	间伐1	1.7	1400	250	7	12	在实施过程中注意保护弱势树种
10	2011	间伐1	2.5	1650	400	13	32	在实施过程中注意保护弱势树种
10	2016	间伐1	2.5	1400	250	8	20	在实施过程中注意保护弱势树种
10	2020	间伐1	3.1	1200	200	7	22	在实施过程中注意保护弱势树种
11	2010	自然恢复	0.3	0	0	0	0	注意保护森林，禁止牲畜进入林区或人为的破坏森林活动
11	2015	间伐1	0.3	1650	200	12	4	注意保护森林，在实施过程中注意保护弱势树种
11	2020	间伐1	0.2	1200	250	15	3	注意保护森林，在实施过程中注意保护弱势树种
12	2010	自然恢复	0.9	0	0	0	0	注意保护森林，禁止牲畜进入林区或人为的开荒破坏森林的活动
12	2015	自然恢复	0.9	0	0	0	0	注意保护森林，禁止牲畜进入林区或人为的开荒破坏森林的活动
13	2010	自然恢复	1.6	0	0	0	0	注意保护森林，禁止牲畜进入林区或人为的破坏森林的活动
13	2015	间伐1	1.1	1650	300	14	15	在实施过程中注意保护弱势树种
13	2020	间伐1	1.6	1200	200	9	14	在实施过程中注意保护弱势树种
14	2010	自然恢复	0.5	0	0	0	0	禁止牲畜进入林区或人为的破坏活动
14	2015	自然恢复	0.5	0	0	0	0	禁止牲畜进入林区或人为的破坏活动
14	2020	间伐1	0.4	900	400	0	0	在实施过程中注意保护弱势树种
15	2010	自然恢复	0.2	0	0	0	0	注意保护好森林，禁止牲畜进入林区或人为的破坏活动
15	2015	间伐1	0.2	1650	400	10	2	在实施过程中注意保护弱势树种
15	2020	间伐1	0.2	1200	300	8	2	在实施过程中注意保护弱势树种

有时，同一个小班中规划了两种营林措施，如间伐1和间伐2，出现这种情况主要是因为在同一小班中不同的地块相互夹杂，无法将其分为两个小班。

表7　分年度及措施类型作业面积汇总表　　　　单位：公顷

营林措施	总面积	2010年	2011年	2014年	2015年	2016年	2019年	2020年
栽植	3.20	0	3.20	0	0	0	0	0
自然恢复	19.40	13.60	0	0	5.80	0	0	0

（续）

营林措施	总面积	2010年	2011年	2014年	2015年	2016年	2019年	2020年
林分改造	4.40	3.60	0.80	0	0	0	0	0
抚育	7.60	0	0	0	7.60	0	0	0
间伐1	45.60	0	4.80	1.90	4.10	7.40	1.50	25.90
合计	80.20	17.20	8.80	1.90	17.50	7.40	1.50	25.90

表8 分年度采伐蓄积汇总表　　　　单位：立方米

营林措施	采伐总蓄积	2010年	2011年	2014年	2015年	2016年	2019年	2020年
栽植	0	0	0	0	0	0	0	0
自然恢复	0	0	0	0	0	0	0	0
林分改造	0	0	0	0	0	0	0	0
抚育	0	0	0	0	0	0	0	0
间伐1	355	0	51	13	38	49	10	194
合计	355	0	51	13	38	49	10	194

采伐蓄积总量为8.6立方米/公顷，年均采伐蓄积0.9立方米/公顷，是当前单位立木蓄积的3.1%。这仍远低于估测的年生长量，从而有利于林分蓄积量的增加。

3. 劳力及资金投入概算

（1）劳动力需求。详见表9"劳动力需求表"。

表9 劳动力需求表　　　　单位：天数

小班号	所需劳动力							项目期合计	规划期合计
	2010年	2011年	2014年	2015年	2016年	2019年	2020年		
01	8	0	0	0	56	0	0	8	64
02	0	0	31	0	0	24	0	31	55
03	6	0	0	6	0	0	0	12	12
04	7	0	0	7	0	0	0	14	14
05	0	104	0	19	0	0	175	123	298
06	0	27	0	5	10	0	23	32	65
07	9	0	0	41	0	0	50	50	100
08	72	0	0	22	0	0	110	94	204
09	0	28	0	0	23	0	0	28	51
10	0	54	0	0	34	0	33	54	121
11	1	0	0	3	0	0	3	4	7
12	3	0	0	3	0	0	0	6	6

（续）

小班号	所需劳动力							项目期合计	规划期合计
	2010年	2011年	2014年	2015年	2016年	2019年	2020年		
13	5	0	0	18	0	0	17	23	40
14	2	0	0	2	0	0	9	4	13
15	1	0	0	4	0	0	3	5	8
合计	114	213	31	130	123	24	423	488	1058

（2）资金需求，详见表10。

表10　各小/细班规划所涉及的劳务补助一览表

小/细班号	年度	营林措施	总株数	劳力（人天数）	单位（元）	单价	作业面积（公顷）	劳务费（元）
01	2010	自然恢复	0	8	公顷	150	2.60	390.00
01	2016	间伐1	1040	56	株	1.2	2.60	1248.00
02	2014	间伐1	570	31	株	1.2	1.90	684.00
02	2019	间伐1	450	24	株	1.2	1.50	540.00
03	2010	自然恢复	0	6	公顷	150	2.10	315.00
03	2015	自然恢复	0	6	公顷	150	2.10	315.00
04	2010	自然恢复	0	7	公顷	150	2.30	345.00
04	2015	自然恢复	0	7	公顷	150	2.30	345.00
05	2011	栽植	0	104	公顷	3750	3.20	12000.00
05	2015	抚育	960	19	公顷	300	3.20	960.00
05	2020	间伐1	3240	175	株	1.2	10.80	3888.00
06	2011	间伐1	210	11	株	1.2	0.60	252.00
06	2011	林分改造	0	16	公顷	1000	0.80	800.00
06	2015	抚育	0	5	公顷	300	0.80	240.00
06	2016	间伐1	180	10	株	1.2	0.60	216.00
06	2020	间伐1	420	23	株	1.2	1.40	504.00
07	2010	自然恢复	0	9	公顷	150	3.10	465.00
07	2015	间伐1	750	41	株	1.2	2.50	900.00
07	2020	间伐1	930	50	株	1.2	3.10	1116.00
08	2010	林分改造	0	72	公顷	1000	3.60	3600.00
08	2015	抚育	0	22	公顷	300	3.60	1080.00
08	2020	间伐1	2040	110	株	1.2	5.10	2448.00
09	2011	间伐1	510	28	株	1.2	1.70	612.00
09	2016	间伐1	425	23	株	1.2	1.70	510.00
10	2011	间伐1	1000	54	株	1.2	2.50	1200.00
10	2016	间伐1	625	34	株	1.2	2.50	750.00

（续）

小/细班号	年度	营林措施	总株数	劳力（人天数）	单位（元）	单价	作业面积（公顷）	劳务费（元）
10	2020	间伐1	620	33	株	1.2	3.10	744.00
11	2010	自然恢复	0	1	公顷	150	0.30	45.00
11	2015	间伐1	60	3	株	1.2	0.30	72.00
11	2020	间伐1	50	3	株	1.2	0.20	60.00
12	2010	自然恢复	0	3	公顷	150	0.90	135.00
12	2015	自然恢复	0	3	公顷	150	0.90	135.00
13	2010	自然恢复	0	5	公顷	150	1.60	240.00
13	2015	间伐1	330	18	株	1.2	1.10	396.00
13	2020	间伐1	320	17	株	1.2	1.60	384.00
14	2010	自然恢复	0	2	公顷	150	0.50	75.00
14	2015	自然恢复	0	2	公顷	150	0.50	75.00
14	2020	间伐1	160	9	株	1.2	0.40	192.00
15	2010	自然恢复	0	1	公顷	150	0.20	30.00
15	2015	间伐1	80	4	株	1.2	0.20	96.00
15	2020	间伐1	60	3	株	1.2	0.20	72.00
合计			8560	1058			80.20	38474.00

表 11　各营林措施劳务补助按年度分布情况　　　　　　　　　　单位：元

营林措施	总计	2010 年	2011 年	2014 年	2015 年	2016 年	2019 年	2020 年
栽植	12000.00		12000.00					
自然恢复	2910.00	2040.00			870.00			
林分改造	4400.00	3600.00	800.00					
抚育	2280.00				2280.00			
间伐1	16884.00	0.00	2064.00	684.00	1464.00	2724.00	540.00	9408.00
合计	38474.00	5640.00	14864.00	684.00	4614.00	2724.00	540.00	9408.00

4. 其他各种计划

（1）基础设施规划。对于极陡坡和切割的地形来说，进行基础设施建设很困难。计划的间伐措施分布范围很大，而且在 10 年期内进行。所以主要计划了集材道和分支道。规划的基础设施在规划图上显示。

表 12　基础设施建设计划表

基础设施类型	计划长度（米）或数量	项目补助单价	补助金额（元）
分支道	220	16 元/米	3520
集材道（2 米）	1100	2 元/米	2200
贮木场（200 平方米）	1	250 元/处	250
合计			5970

（2）保护方案。森林经营单位负责管护其森林。这也是项目支持其森林经营的前提条件。发现的对于该森林的主要威胁是：一是雪害，少数年份发生雪灾；二是火灾；三是病虫害危害，目前没有发现病虫害。

边界划分及其维护：森林边界通常是按地形地貌特点（山脊）或者森林与农地来分界的，所以边界足够清楚。有不清楚的边界时用石碑或者树木来进行分界。

标志牌：树立在森林经营单位西面路边森林入口处。

巡护：森林经营单位至少每周对森林进行巡护来防止非法采伐和其他对于森林的破坏或者风险。应该对巡护进行记录（巡护人姓名和日期），观察是否有森林破坏。如发现有破坏发生，应及时向林业部门报告。

防火：森林经营委员会/森林经营单位的成员有义务预防火灾以及在发生火灾时进行灭火。发放森林保护条例：森林保护条例将制作成传单，散发给林经营委员会/森林经营单位的成员以及附近村庄的农户。

森林保护方案成本及投资计划。详见表 13 "森林保护方案成本及投资计划（示例）"。

表 13　森林保护方案成本及投资计划（示例）

描述	单位	单位成本	数量	重复	投资	总费用（元）		
						项目	森林经营单位	合计
划定边界：								
建立边界步道	米	3	500	1	项目	1500		1500
边界步道维护	米	0.2	0	10	森林经营单位		0	0
边界树标记：油漆	100 株	14	10	1	项目	140		140
边界树标记：劳力	100 株	50	0	2	森林经营单位		0	0
边界石：材料	每块	40	10	1	项目	400		400
边界石：树立	每块	20	0	1	森林经营单位		0	0
小计：边界划定						2040	0	2040
防火带：								
修建	亩	300	2.3	1	项目	690		690
维护	每块	0	0	1	森林经营单位		0	0
小计：防火带						690	0	690
巡逻：								
护林员	4 个半天/月	0	12	10	森林经营单位		0	0

（续）

描述	单位	单位成本	数量	重复	投资	总费用（元）		
						项目	森林经营单位	合计
小计：巡逻						0	0	0

保护规定材料的散发								
印刷	张	1	400	1	项目	400		400
散发	村民组	0	0	1	森林经营单位		0	0
小计：保护规定材料的散发						400	0	400
合计						3130	0	3130

注：边界石为水泥桩，15×15×100 厘米，其中 40 厘米埋入地下。

具体数量由规划组和森林经营单位讨论决定。

5. 资金总计划

包括：森林经营补助费、基础设施建设费、采伐工具费和森林经营单位管理费用。森林经营补助费：25802 元，林木标注补助费（劳力、材料）：1475 元，基础设施建设费：5970 元，森林保护费用：3130 元，采伐工具费：3000 元，森林经营单位管理费用（含行政费、补助费）：4502 元，标牌费用：1000 元，合计：44879 元。

二、林分描述

森林经营单位林分描述，详见高坡森林经营单位林分描述（1~3 号小班，其他略）

高坡森林经营单位林分描述及规划

监测日期：　　　监测小组：

县	乡（镇）	村	经营单位	经营单位编码	面积（公顷）	经营分类
金沙县	安洛乡	木杉戛村	高坡森林经营单位	522424160700301	2.6	防护林

管理目标：立地条件差，属 2002 年退耕还林工程栽植，以柳杉为主，可采取林分自然恢复措施。

细班描述

海拔（米）：1320		坡向：	西	坡度范围：大于 30°		母岩：	砂页岩	土壤类型：其他		土层厚度（厘米）：10~30	
生产潜力：差		森林经营类型：乔木		混交状态：针阔混交		起源：人工林		发育阶段：幼龄		年龄：12~19	
林冠盖度（%）：60		更新情况（%）：70		受损程度：中等		受损类型：中等				平均年龄：16	
相邻区域描述：											
东：	唐开强土	南：	唐文飞土	西：	鱼爬洞河沟	北：	唐开强土				

细班调查

树种	树高小于2米（株/公顷）	按径阶分类					总株数 D>4厘米	胸径（厘米）	平均树高（米）	蓄积（立方米/公顷）	目标树（株/公顷）	采伐木（株/公顷）
		1~4厘米	5~14厘米	15~24厘米	25~34厘米	>35厘米						
栎类	450	1500	100	0	0	0	100	7	4	1	0	0
杉木	100	600	0	0	0	0	0	0	3	0	0	0
马尾松	150	100	0	0	0	0	0	0	3	0	0	0
合计	700	2200	100	0	0	0	100	7	4	1	0	0

规划

年度	营林活动	面积（公顷）	保留木（株/公顷）	采伐木（株/公顷）	蓄积（立方米/公顷）	采伐总蓄积（立方米）	备注
2010	自然恢复	2.6	0	0	0	0	注意保护森林,禁止牲畜进入、开荒等破坏森林活动
2016	间伐1	2.6	165	400	5	13	在实施过程中注意保护弱势树种

实施

日期	措施	实施面积（公顷）	实施数量（株/公顷）	总采伐蓄积（立方米）	备注

高坡森林经营单位林分描述及规划

监测日期：　　监测小组：

县	乡（镇）	村	经营单位	经营单位编码	面积（公顷）	经营分类	
金沙县	安洛乡	木杉戛村	高坡森林经营单位	522424160700302	1.9	用材林	
管理目标：	立地条件差，属于人工促进天然更新林、以栎类等阔叶林为主，阔叶林占70%，松等针叶林占30%，采取间伐措施。						

细班描述

海拔(米)：	1340	坡向：	南	坡度范围：	20°~29°	母岩	砂页岩	土壤类型	其他	土层厚度（厘米）：	10~30
生产潜力	中	森林经营类型	乔木	混交状态	针阔混交	起源	天然林	发育阶段	中龄	年龄：	8~30
林冠盖度（%）：	60	更新情况(%)：	70	受损程度	中等	受损类型	中等			平均年龄：	20
相邻区域描述：											
	东：	鲁开阳土	南：	唐加贵土	西：	唐文飞土		北：	唐开强土		

128

细班调查

| 树种 | 树高小于2米（株/公顷） | 按径阶分类 | | | | | 总株数 D>4厘米 | 胸径（厘米） | 平均树高（米） | 蓄积（立方米/公顷） | 目标树（株/公顷） | 采伐木（株/公顷） |
		1~4厘米	5~14厘米	15~24厘米	25~34厘米	>35厘米						
栎类	130	1050	800	0	0	0	800	8	6	12	0	0
马尾松	400	150	250	50	0	0	300	10	8	9	0	0
枫香	100	250	100	0	0	0	100	7	6	1	0	0
合计	630	1450	1150	50	0	0	1200	8.4	6.5	22	0	0

规划

年度	营林活动	面积（公顷）	保留木（株/公顷）	采伐木（株/公顷）	蓄积（立方米/公顷）	采伐总蓄积（立方米）	备注
2014	间伐1	1.9	165	300	7	13	在实施过程中注意保护弱势树种
2019	间伐1	1.5	135	300	7	10	在实施过程中注意保护弱势树种

实施

日期	措施	实施面积（公顷）	实施数量（株/公顷）	总采伐蓄积（立方米）	备注

高坡森林经营单位林分描述及规划

监测日期：　　　监测小组：

县	乡（镇）	村	经营单位	经营单位编码	面积（公顷）	经营分类			
金沙县	安洛乡	木杉戛村	高坡森林经营单位	522424160700303	2.1	防护林			

管理目标：	立地条件差，属于2002年退耕还林，采取自然恢复措施。

细班描述

海拔(米)：	1340	坡向：	全坡	坡度范围：	10°~19°	母岩：	砂页岩	土壤类型：	其他	土层厚度（厘米）：	30~50
生产潜力：	中	森林经营类型：	乔木	混交状态：	针阔混交	起源：	人工林	发育阶段：	幼龄	年龄：	11~19
林冠盖度（%）：	60	更新情况(%)：	70	受损程度：	中等	受损类型：	中等			平均年龄：	12
相邻区域描述：											
东：	彭家山林	南：	小坝组林界	西：	周家山林		北：	小坝组林界			

细班调查

| 树种 | 树高小于2米（株/公顷） | 按径阶分类 | | | | | 总株数 D>4 厘米 | 胸径（厘米） | 平均树高（米） | 蓄积（立方米/公顷） | 目标树（株/公顷） | 采伐木（株/公顷） |
		1~4 厘米	5~14 厘米	15~24 厘米	25~34 厘米	>35 厘米						
柳杉	25	125	250	0	0	0	250	7	5	2	0	0
栎类	75	200	200	0	0	0	200	7	7	3	0	0
马尾松	25	50	50	0	0	0	50	7	6	1	0	0
合计	125	375	500	0	0	0	500	7	5.9	6	0	0

规划

年度	营林活动	面积（公顷）	保留木（株/公顷）	采伐木（株/公顷）	蓄积（立方米/公顷）	备注
2010	自然恢复	2.1	0	0	0	注意保护森林，禁止牲畜进入、开荒等破坏森林活动
2015	自然恢复	2.1	0	0	0	注意保护森林，禁止牲畜进入、开荒等破坏森林活动

实施

日期	措施	实施面积（公顷）	实施数量（株/公顷）	总采伐蓄积（立方米）	备注

以下略 。

三、规划图

详见中德财政合作林业项目金沙县安洛乡木戛村高坡森林经营单位规划图（示例）。

中德财政合作林业项目金沙县安洛乡木杉戛村高坡森林经营单位规划图

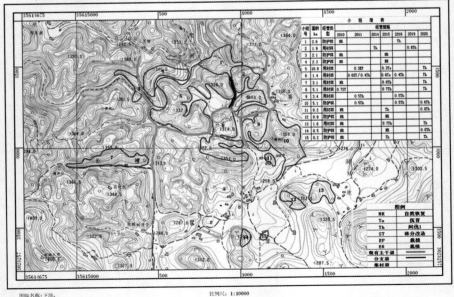

图 1 项目首席技术顾问胡伯特 · 福斯特在大方县拍摄林分长势

图 2 贵州省审计厅派出审计组对毕节市中德财政合作贵州省森林可持续经营项目金沙县实施情况进行审计

图 3 项目首席技术顾问胡伯特 · 福斯特在金沙县石仓林场查看树木年轮

图 4 大方县对江镇森林可持续经营——实施前

图 5 大方县对江镇森林可持续经营——实施后

图 6 大方县小屯乡森林可持续经营——补给线修建

图 7 大方县小屯乡实施森林可持续经营——人工造林

图 8 大方县羊场镇实施森林可持续经营——
采伐的木材

图 9 大方县羊场镇实施森林可持续经营——
针阔混交林

图 10 大方县油杉河实施森林可持续经营——
近自然森林经营

图 11 大方县星宿乡实施森林可持续经营——
近自然森林经营

中德财政合作贵州省森林可持续经营技术

图 12 大方县对江镇森林可持续经营成效

图 13 黔西县登高森林经营委员会森林可持续经营——杨树林抚育

图 14 黔西县观音洞镇实施森林可持续经营——自然更新的栎木

134

图 15 黔西县莲花森林经营委员会森林可持续经营——间伐后林木长势

图 16 黔西县龙场森林经营委员会示范点

图 17 黔西县退耕还林实施森林可持续经营采伐——未收集的采伐木

图 18 黔西县雨朵镇登高森林经营委员会实施的可持续经营

图 19 黔西县雨朵镇实施抚育间伐后

图 20 黔西县甘棠乡大营森林经营委员会实施森林可持续经营——自然恢复

图 21 黔西县登高森林经营委员会森林可持续经营——间伐后的林木

图 22 金沙县大新安林场实施森林可持续经营成效明显

图 23 金沙县岚头镇实施森林可持续经营——林分改造

图 24 金沙县五龙街道实施森林可持续经营——间伐前

图 25 金沙县五龙街道实施森林可持续经
营——间伐后

图 26 金沙县五龙街道五关村森林可持续经
营——林分改造后种植的柳杉长势喜人

图 27 金沙县桂花乡森林可持续经营成效

图 28 百里杜鹃森林可持续经营——抚育
后柳杉长势

图 29 金沙县大田乡森林可持续经营——
人工造林

图 30 金沙县五里街道森林可持续经营
实现——林茂粮丰

建议的图例

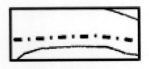

小班边界

细班边界（林分）

GPS- 定位点

所规划的经营活动（措施）类型

边界澄清 / 划分

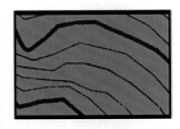

中龄林的间伐
（胸径 5~14 厘米）

补给线

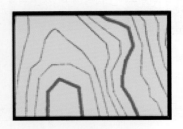

人工促进天然更新 / 抚育
（胸径 1~4 厘米）

自然恢复

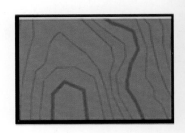

择伐
（胸径 15~35 厘米）

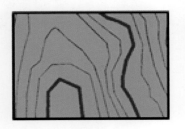

栽植 / 补植

收获性采伐
（胸径 > 35 厘米）

林分改造